心理健康一点通

成瘾症

总主编◎赵静波　陈　瑜
主　编◎汤　芳　曾海萍

中国健康传媒集团
中国医药科技出版社

内容提要

本书是一部关于成瘾症的科普读物，从多角度介绍成瘾症，内容包括成瘾症的真相、来源、治疗和预防知识。理论与案例结合，图文并茂，叙述生动。本书可帮助读者深入、正确地认识成瘾症，是成瘾症患者及其亲属的良师益友，也可供从事心理咨询的专业人士参考。

图书在版编目（CIP）数据

成瘾症 / 汤芳，曾海萍主编 . — 北京：中国医药科技出版社，2019.3

（心理健康一点通）

ISBN 978-7-5214-1028-0

Ⅰ . ①成… Ⅱ . ①汤… ②曾… Ⅲ . ①病态心理学 Ⅳ . ① B846

中国版本图书馆 CIP 数据核字（2019）第 049820 号

美术编辑 陈君杞
版式设计 锋尚设计

出版 **中国健康传媒集团｜中国医药科技出版社**
地址 北京市海淀区文慧园北路甲 22 号
邮编 100082
电话 发行：010-62227427 邮购：010-62236938
网址 www.cmstp.com
规格 880 × 1230mm $^1/_{32}$
印张 $6^1/_2$
字数 108 千字
版次 2019 年 3 月第 1 版
印次 2019 年 3 月第 1 次印刷
印刷 三河市万龙印装有限公司
经销 全国各地新华书店
书号 ISBN 978-7-5214-1028-0
定价 28.00 元

《成瘾症》编委会

主　编　汤　芳　曾海萍

编　者　（以姓氏笔画为序）

汤　芳　孙　录　杨文娇

杨珍芝　陈　瑜　陈建斌

陈蔚臣　胡俊武　骆　文

曾海萍

序

我们在精神科诊室、心理门诊或咨询中心，看到了很多家属或当事人因对心理健康问题缺乏科学的认识，而延误病情或不愿配合就诊。这些场景令我们倍感惋惜，不禁无奈于一些将精神分裂症当做“恶魔附身”的家属；不禁感慨若父母多一些心理健康知识，便不会一直将抑郁的孩子当做是“不思进取的坏小孩”。编写这一丛书，我们从未忘记过我们的初衷——将心理健康的知识普及给更多人，编写一套浅显易懂、知识点丰富的心理健康科普丛书。

《心理健康一点通》这套书沉甸甸的。摸着，是知识的分量；闻着，是生活的百态滋味。何以见得?

首先不得不说，这是十几位兼具医学背景和心理学背景的作家辛苦耕耘下的智慧结晶，结构化的思路、专业性的内容、通俗的语言，无一不散发着知识的魅力。我们说，当知识只有专业性，而不具通俗性时，它是黯淡、令人却步的。只有作者们用通俗的方式诠释知识时，知识才具有普及性，才能让大家看到它的光芒。我们希望，这份光芒能给正处于心理困扰的你，或你的家人，或你的朋友，在自助或帮助他人的路上，带来一些引导，得以前行。

其次，通过这套丛书我们看到了很多故事：缄默的瞳瞳、健忘的老王、情绪波动很大的艾格，厌食的妮妮、听到奇怪声音的刘某、神情恍惚的士兵小维……这些故事穿插其中，就像散落在沙滩上的珍珠，给我们的阅读照射出生动的画面，让我们的体会和理解更加深刻。同时，这些故事一方面引发感慨，感慨生活无常，人生来除了承担躯体的疼痛，还需要承受心理上的诸多磨难——抑郁症、焦虑症、双向情感障碍、应激相关障碍、进食障碍、躯体化障碍、成瘾症、精神分裂症等。另一方面，这些故事也引以思考，如何能化解这些磨难，或从磨难中划破阴霾呢？幸得，我们可以在本套丛书里寻找到答案。丛书以定义、症状、鉴别、康复和预防这一具有逻辑的思路进行编排，贯穿案例分析、拓展阅读、自我测试等形式，十分有利于我们在特定的框架下按图索骥。

本丛书尽可能在结合专业性、通俗性、实用性和趣味性的基础上，以特定的逻辑和思路呈现主要的心理健康问题，将大家在生活中经常遇到的心理难题囊括起来，既翔实又系统。

下面，我们来具体看看本丛书的特点。

其一，本丛书针对常见的精神障碍进行了科普性的解读。在世界卫生组织的分类中，精神障碍包括了10大类近400余种疾病。本丛书针对常见的精神障碍——精神分裂症、抑郁症、焦虑症、双相情感障碍、成瘾症、进食障碍、应激障碍、躯体形式障碍，采用通俗的语言、丰富的案例，逐本进行了详细的解读。据中华医学会第十五次全国精神医学学术会议结果显示，我国成人的焦虑障碍患病率为4.98%，抑郁症患病率为3.59%，酒精药物使用障碍1.94%……然而约92%的严重精神类患者没有接受系统治疗，大众对于精神卫生的关注度远低于器质性疾病。因此，本丛书力图以绵薄之力提高大众对精神卫生的科学关注和认识程度，使更多的精神障碍患者能有意识地到医院接受治疗，使更多精神障碍患者的家属能以客观的态度认识患者的病情，懂得如何进行家庭康复。

其二，本丛书不仅适用于正处于心理困扰的患者或患者家属，也是普通大众的一本预防性科普读物。本丛书无一例外指出了精神障碍的鉴别、诊断、治疗方式和康复手段，这有利于处于心理困扰的患者或患者家属、朋友从中寻找心理健康问题的专业性解答。另一方面，本丛书更着重于诠释如何预防精神障碍的产生和恶化，所以本丛书于普通大众而言，也是一套可以作为家庭常备的心理健康科普读物，最大的目的是起到预防的作用，使大家能在阅读中提前识别精神障碍产生的易感因素、形成对精神障碍的客观认识，做到防微杜渐、及时检查、及时就诊。

其三，本丛书关注了时代演变下心理健康问题的新内涵，丰富了新的内容。随着时代的推进，心理健康问题有了更加丰富的内涵，如进食障碍不仅源于遗传因素、压力，也来源于新时代人们对“美”的认知偏差；而成瘾症在时代演变中，增加了更多的成员——药物成瘾、网络成瘾、购物成瘾等。随着地震、海啸、战争、重大交通事故等事件的发生，应激障碍的类型和援助方式也产生了重大革新和突破。因此，本丛书非常注重心理健康问题的新时代产物，对书的内容进行了创新性的丰富。

其四，本丛书的两本著作专门针对两类特殊人群——青少年和老年人的心理健康进行了论述。一方面由于青春期是成长过程中的重要阶段，且青少年内在激素水平不稳定、外在学习压力越来越大，因此青少年心理健康也亟待重视。基于这一点，本丛书其中一本著作专门罗列了青少年层出不穷的各种状况，如厌学、缄默内向、沉迷游戏、考试焦虑等，并在相应案例后进行了深入的心理分析。另一方面，由于我国正快速步入老龄化社会，到2017年我国60岁以上老年人人口已突破2亿，庞大的老年人口数量使得老年问题备受关注。并且随着经济水平的提升，老年人平均寿命延长，老年心理健康问题更加凸显。所以本丛书对健忘症、痴呆症、离退休综合征、空巢综合征等老年人常见心理健康问题，也特意采用了一本书的篇幅进行了详细的分类描述。

编写本丛书的过程，就像在编织一道彩虹。每一本书都是不同的颜色，每一类心理问题有不同的特点，或许抑郁症是蓝色的，焦虑症是红色的。重要的不是颜色的种类，而是彩虹赋予我们的希望，看起来我们描述的是病症和痛苦，但时时刻刻作者从正能量的角度出发，以解惑答疑的方式带给读者福音。希望大家能在丛书中获益，了解到心理问题的来源，对自己和他人多一份理解，同时可以尝试运用书中介绍的方法坚持治疗、进行康复训练。

如同风雨之后是彩虹，我们相信磨砺之后会见阳光，正在阅读此书的你，已经在自助、帮助他人的路上。

赵静波　陈　瑜

2019年1月

前　言

瘾是一种活法，对酒精的瘾、对食物的瘾、对购物的瘾、对网络的瘾……久而久之就演变成了他们的一种活法。只不过这是一种欲罢不能的混乱活法，处在其中的人一步步迷失自我、一步步沉沦，最终陷入日复一日地处在心理渴求和解除心理渴求的痛苦循环中，不仅失去原本的平淡幸福，还使得自己的生活变得千疮百孔。

陷入这种痛苦循环中的人，其实内心都非常渴望得到解脱，彻底戒掉瘾，重新选择一种生活方式，换一种清醒的活法。但是这并非易事，当他们下决心戒瘾时，又陷入另一个痛苦的循环：戒瘾——复发——再戒瘾——再复发，周而复始，想喊人帮忙，但是又害怕他人投来异样的眼光，最终放弃了呼救，把自己藏起来，然而越藏起来，成瘾问题越恶化。作为一名心理学工作者，此时，很想出现在他们的面前，俯下身来静静地倾听他们的痛苦，陪伴着他们走上一段，一起寻找希望，找到一种适合他们而又清醒的活法。但是我们无法一一走到他们的面前，只能以另一种方式，把这份心意敲成文字，希望这些满含着我们心意的文字，能够给他们带去理解、支持以及希望。

我们也希望这些文字能够化解人们对成瘾者的歧视与误解，给他们多一些宽容，特别是他们周围的人，在乎他们的家人与朋友，让他们知道还有人爱着他们，需要着他们，支持着他们；而不是对他们关上心门，拒绝他们，谴责他们。因为对抗成瘾最重要的力量就是爱！

最后，我们真诚地祝福，那些受折磨的成瘾者，从混乱的生活中解脱出来，换一种新的生活，一种清醒的生活，重新回到平静而又幸福的生活。同时我们真诚地希望，那些未成瘾的人，对此保持警惕，勿让自己卷入成瘾的生活。

编　者

2019年1月

目　录

第二讲 探秘成瘾真相

第三讲 解析成瘾来源

第四讲 走出成瘾荒野

第五讲　面对成瘾，家长可以做什么

第一讲

走进成瘾者的生活

一、物质成瘾者的故事

（一）你所不知道的药物成瘾——止咳水成瘾者的故事

我叫阿东（化名），是家里的独生子，小时候和父母生活在一起，经济条件还不错。妈妈是全职太太，虽然照顾我的一日三餐，但对我心里在想什么则很少关注，就像我从学校回到家，开心或不开心，她也很少会问起，再加上妈妈喜欢打麻将，有时候放学回到家没顿热饭。我爸爸是一家公司的老板，从小对我期望大，所以要求严格，管束较多。

在我爸的约束下，加上我的一点小聪明，小学直到初中的成绩很好。平时爱好打篮球，打得还不错，曾跟哥们几个打进了某市的篮球比赛，还获得不错的成绩，因此在学校还算一个小小的风云人物，心底未免有些骄傲，对那些整天勤奋学习、努力看书的人有些瞧不起。到高中后，功课不再像之前那么容易，单靠自己那点小聪明掌握那些知识开始感到吃力，但是自己又瞧不起整天死读书，所以成绩就开始下滑，高考考了一个专科学校。

我大一那年，老爸因为癌症去世，妈妈在老爸去世不到一年就再婚了；再加上读的专业也不是特别喜欢，所以开始自我放纵，到后来基本是疯狂玩过来的，没日没夜地上网，聚会，妞一个接一个地泡。有一次和同学去酒吧玩，喝了一杯兑了止咳水的可乐，这是我第一次接触止咳水。同学告诉我那是药水，喝了整个人会轻松很多，一开始喝着没什么感觉，喝完一整杯以后就有点兴奋起来了，再加上酒吧的音乐声，觉得很放松，什么烦恼都没有了。后来发现在学校附近的药店也能买到这种神奇的药水，自己买着喝了一两周，喝完之后，心中那些烦心事都消失了，整个人感到放松，还有久违的开心。当时也不知道止咳水会上瘾，喝的时候根本没有控制，就很放任地喝，很快就上瘾了。

我现在每天都要喝几瓶，多的时候有十几瓶，原来的生活费根本不够用，所以自己也要做一些兼职，甚至是撒谎跟妈妈要更多的零花钱，跟同学借钱等。因为钱的问题，自己压力也很大，压力越大，就越想继续喝，喝了能暂时忘掉这些烦恼，就这样陷入无穷尽的恶性循环中。

其实自己现在打心里很想戒掉，因为喝这个也挺累的，时间一久，身体对药物的刺激变得不那么敏感，喝了又喝不爽，不喝又难受，还要花很多心思在如何支撑自己在止咳水的开销上。现在经常会很累，没力气也没什么精神，体力尤其变差，根本干不了重活，经常口渴。还有记忆力直线下降，有时候前一天做过的事情第二天就想不起来了。同学看到我也经常说我脸色很差，好像生了病一样。我是生病了吗？

很多人都知道，杜冷丁、吗啡、强痛定等临床上严格控制使用的麻醉、精神类药物可能会导致“上瘾”，但对于老百姓来说，这些处方药是很难买到的，一般也用不上。所以一般人会认为“药物成瘾”和自己没有什么关系。事实上，我们一般老百姓常接触到的感冒、止痛、镇咳等含部分特殊药品的复方制剂，如不遵医嘱随意服用，也会让你在不知不觉中上瘾！

如上文案例中的止咳水，众所周知，其具有止咳、镇咳的作用，但其如毒品般能让人上瘾的副作用却常常被忽略。止咳水主要的成分是磷酸可待因、盐酸麻黄碱等，磷酸可待因属于中枢性镇咳药，成瘾性堪比吗啡；盐酸麻黄碱则具有平喘、兴奋和麻醉的作用。近年来，就有不少关于青少年喝止咳水上瘾的报道，更出现了不少拿小儿联邦止咳露、泰诺奇等复方磷酸可待因口服液等易成瘾药物当“毒品”销售的案例，不知不觉中的药物成瘾所带来的危害触目惊心，因此，我们普通老百姓也更应该去了解和抵制潜伏在我们身边的“毒品”。

（二）被“酒文化”绑架的人——酒精成瘾者的故事

我叫梁军（化名），今年42岁了，出生在四川的一个小县城。我爱喝酒可能是遗传，因为祖父、父亲都喝，而我从小就喜欢闻飘来的酒香。小时候，父亲吃饭时经常用筷子蘸着白酒喂我，饶有兴趣地看我吧嗒着小嘴，然后开怀大笑。长大一点，凡有应酬，父亲总少不了让我陪着喝点儿酒。18岁那年，我跟着舅舅到深圳工作，舅舅去应酬也总是带上我，想让我多认识一些生意上有往来的老板，更重要的是练练酒量，让老板们喝得尽兴。中国有句古话“无酒不成席”，每次我都三五两地喝，开始的时候还挺为自己的酒量感到自豪的，老板们也称赞我够爽快！随着我们业务的发展，应酬是越来越多，酒喝得也更厉害了。

此后，我工作应酬的时候要喝酒，休息的时候也要喝酒。后来结婚要小孩，我忍了几个月没喝酒，虽然很难受，但还是克制下来了，妻子怀孕后，我就招呼朋友们畅饮了一番，所有的不舒服一扫而光。因为喝酒应酬频繁，妻子对此也很大意见，每天几小吵，三天一大吵，自己在喝醉后还打过她，事后自己也后悔，可当时就是控制不住。反正喝酒后，老是觉得老婆在外面有人，疑神疑鬼的，家里其他亲友们说我，我就觉得他们看不起我、嫌弃我，总之感觉什么事儿都不顺心。心情一烦躁，又要喝更多的酒，“借酒浇愁”，寻求一时的安宁，就这样，一直被困在这个恶性循环里。

近几年，家人开始限制我喝酒，把家里的酒都收起来，把我关在房间里，我也知道他们为我好，但是酒瘾一上来，什么都阻止不了我，我拿头撞门，大力踢门，把能用上的东西都用上，头脑里就只剩下一个想法，我要出去，我要喝酒！妻子实在是没办法，就找了我弟弟过来一起强制要求我住院戒酒。我当时喝得烂醉，脾气非常大，对医生也是非常不客气。住院两个星期左右，没有条件喝酒，一直输液和服药，倒是没有很不舒服的感觉，还觉得精神好了些，睡醒的时候也不再像之前那样头痛欲裂。我开始觉得，不喝酒也挺好的嘛。但好景不长，一出院以后，我的老友就来找我，说喝一点没关系啦，刚出院要庆祝一下。我开始还犹豫了一下，但很快我就把顾虑抛之脑后了，心里也痒痒的，对自己说，喝一点点没关系的，再说那么多朋友在，不喝也说不过去啊。谁知道一小杯下去，就没刹住车，越喝越多，又回到了戒酒前的状态。

戒酒失败的经历更让我破罐子破摔，慢慢地我的痛风发作越来越多，肝区也时常隐隐作痛，有时候甚至听到耳边有人在说话、或是唱歌、或是广播声，也不明白是怎么一回事！

酒的主要成分——乙醇是一种精神活性物质，也即成瘾物质。但酒精成瘾往往不会像毒品或药物成瘾那样引起人们足够的重视和警惕。因为酒虽具有一定的成瘾性，却不像鸦片、海洛因、大麻等被社会严禁滥用，反而作为一种文化的载体，活跃在各种社交及庆典场合。如朝堂礼仪庆典、宗庙祭祀活动、婚丧嫁娶、年节团聚、添丁做寿、进宅升迁等，都离不开酒。在酒席上，人们往往认为“海量豪饮是英雄，滴酒不沾是狗熊”，如案例中的梁军（化名），喝酒成为公关应酬的必备能力，即使清楚过量饮酒对身体的危害，也抵不过“不喝就是不给面子”的人情压力，越喝越多，最终发展为酒精依赖。

而且，酒精作为一种中枢抑制剂，其药理作用也维持和强化了这种“酒文化”。喝酒以后，人的大脑皮层活动受到抑制，使皮层下低级中枢脱抑制而表现兴奋、活动增多、欣快，起到缓解焦虑情绪和对抗其他负性情绪的作用。如“酒逢知己千杯少”的欣快满足感；“一醉解千愁”暂时缓解负性情绪以及“借酒壮胆”以缓解焦虑和恐惧等作用，这些“甜头”一步一步地把人引诱到酒精成瘾的圈套中。

当然，酒精成瘾受到多方面因素的影响，如酒获得的容易程度、家庭冲突、学业及事业的失败、情感因素等，而“酒文化”则作为背景因素，起着重要的强化及维持饮酒行为的作用，使人在不知不觉中被绑架，即在很多场合都认为自己是“不得不喝”的。那我们该如何为自己松绑？在后面的章节中，我们将具体讨论到瘾的成因以及应对，希望会对你有所帮助。

（三）关键不是吃什么，而是怎么吃——食物成瘾者的故事

我叫林雪（化名），今年26岁了，目前在一家服装设计公司工作。我跟冰淇淋的故事是从2012年开始的。那一年刚毕业参加工作不久，谈了四年的男朋友突然跟

我提出分手，我当时真是想死的心都有了，我尝试过挽回，尝试过哭闹，但是都没有用，折腾一段时间后，我变得郁郁寡欢，不愿意跟其他人讲话，总是看着以前两个人一起的照片发呆。我闺蜜小青担心我做傻事，经常劝我出去走走。有一天，小青说一起去吃冰淇淋吧，甜品是最好的疗伤药，我实在拗不过她就只能跟着去了。

去到一家冰淇淋专卖店，五颜六色的雪糕让人眼前一亮。小青兴奋地拉着我找位子坐下，然后自己先唰唰唰点了三种口味的雪糕，一边点一边催我快点选。我看着那些诱人的图片，深吸一口气，嗯，我也该好好对自己了，为了那个人如此消沉不值得！我一口气点了五种口味的雪糕。服务员端上来的时候，一阵凉爽的香甜味扑鼻而来。我拿起勺子，刚吃了一口，一阵清凉的感觉沁人心脾。啊！美味极了，我不禁赞叹道。很快桌上的冰激凌就被我们消灭掉了。全部吃完后，感觉非常的满足，那种心里空洞洞的感觉终于被抚平了。

在那以后，冰淇淋就成了我的减压良药，每当遇到不顺心的事情我都要吃上好几盒冰淇淋，当然开心的时候，也会吃上一两盒来庆祝。小青看到我吃那么多，好意提醒我小心长胖。确实，刚开始的大半年，我的体重是增长了5、6斤，但因为我本来就比较瘦，所以也没有很在意。最近一年，由于工作的调动，任务更重了，严格的上司让我喘不过气来，同事之间也紧张兮兮的，冰淇淋吃得也越来越多了，每天都要吃至少两盒。

只有冰淇淋才能让我的心情感到平静，奇怪的是，我的体重没有再增加，反而开始下降了。因为每次吃冰淇淋都要吃到有饱感甚至是撑，再也没有胃口吃饭了，还不时出现腹痛、腹泻、月经不规律的情况。去看消化科，医生说我饮食不规律，胃肠功能紊乱，不能再吃那么多雪糕了。我当时觉得很惊讶，怎么吃冰淇淋也能把身体吃坏？后来我有意识地控制自己吃冰淇淋的量，冰箱里原来塞得满满的冰淇淋都被我清理掉了。但我很快发现不吃冰淇淋的时候，我站也不是坐也不是，心情无名地烦躁。手边拿到什么能吃的，胡乱地往自己嘴里塞，但依然没有冰激凌所带来的那种满足感。没两天，我的冰箱塞满了冰激凌。反复如此，每一次告诉自己不能再吃了，而后妥协为只吃一点点，但最后依然是控制不住地吃。看着镜子里面又黄又暗的脸，按着隐隐作痛的胃，我感觉冰淇淋带来的已不是当初的快感和满足，而是一种失控的可怕……

也许你会对吃冰淇淋也算成瘾行为的说法嗤之以鼻——多吃一点儿冰淇淋至于那么大惊小怪吗？事实上，研究人员通过影像学检查发现，食物成瘾患者的大脑神经影像与海洛因依赖患者相似，无论是吃冰淇淋、饼干或是其他甜食，或是喝饮料，跟咖啡、酒精甚至毒品成瘾，并没有本质的差别。

食物成瘾者在心理上与常人不同，他们对食物的渴求和依赖程度超出了正常水平，其进食行为则表现为——长时间地无法理性控制对某种食物的食用量和食用时间；即使意识到这种行为模式对自身健康不利，仍然会不断地摄入该类食物；暴食过程中对食物的耐受性增强，不能摄入时则会产生焦虑、沮丧和愤怒等消极情绪，进一步提高对食物的渴求，又会重复失控的进食行为。正如案例中林雪（化名）所说的那样，食物带来的已不是最初的快感和满足，而是一种失控的可怕……

你有没有试过情绪不好时，到超市买一大堆零食或点上一桌饭菜，不停地往嘴里塞？你学习工作时，零食饮料是不是总在伸手可及的地方？近期有没有变得特别爱吃某种食物？或者在肚子不饿的时候也想要吃东西，并且要吃到撑才舒服？如果你或者你身边的人有上述的情况，就要加以注意了。如果食物成瘾倾向没被意识到，“瘾头”就会越来越大，我们必须了解它和重视它，然后才能有效地去应对。

二、行为成瘾者的故事

（一）虚拟世界的满足，现实世界的彷徨——网络成瘾者的故事

我的网名叫世界之王，今年22岁，这个年纪本来应

该意气风发地享受大学校园的生活，但现实却是被学校劝退，待业在家，父母的“望子成龙”已经幻灭成“恨子成虫”了，这一切都是网瘾惹的祸！

我刚上大学的时候，对自由自在充满了憧憬和新鲜。军训一结束，各种社团的招新活动就活跃起来了，我自己也摩拳擦掌地跃跃欲试。但结果却不如人意，因为初高中一心扎在学习上，并没有培养什么特长爱好，自己个性也比较木讷内向，所以在面试社团骨干的时候屡屡受挫，最终就只是报了几个社团的会员，后来这些社团活动我也没怎么参加，觉得没意思。看着身边每天各种忙各种开会的同学，就觉得自己很不给力，感觉抬不起头，不觉中拉开了与同学的距离，经常是独来独往，大一的功课并不紧张，时间多得不知道可以干什么。

我跟舍友们也没有很多话说，他们都是广东这边的，来学校报到的时候就带了手提电脑，他们下了课就喜欢上网，最多的是联网打游戏，什么“传奇”“英雄联盟”“穿越火线”，这些我完全都不了解，这时候更觉得自己是“边缘人”一个了，心里的那种孤独别人是难以体会的。到了大一下学期，我央求父母给我买电脑，说选修课、复习课件、学校的一些通知等都要用到电脑。父母也是那种再穷不能穷孩子的，很快就给我汇了钱，我兴奋地买了一部台式电脑，比笔记本电脑便宜一些，但运行速度还不错。

一开始我也只是把电脑用在学习上，其余时间就刷刷新闻时事，后来我玩了游戏，才发现我一开始是有多浪费上网的机会。舍友看到我买了电脑就邀请我一起打游戏。我说我不是很懂那些啊。舍友就说，这怕什么，我们都是从菜鸟级打上来的啊，等你上手了你就知道那种“爽”的感觉了！就这样，我就开始踏进了网游的虚拟世界。虽然一开始我是菜鸟，没一会儿就“死掉了”，但是依然体会到那种刺激，那种要求速度反应，要求战略技术的紧张感觉一下子刺激到了我原来的钝神经。虽然舍友说我反应还不错，但遇到重要的竞赛时我还是不够格参与。于是乎，我的目标就集中在升级，升级，升级，这事也跟学习一样，你投入的时间精力越多，你的成绩就会越好。我急切地想要在这个网游世界里表现自己，让别人认同我的实力，占地为王。我一开始是课余时间玩，一天三四个小时，后来就升级到七八个小时，有时候玩得不知道时间，三四点才睡也是常事，第二天自然恍恍惚惚的。

我梦想着自己成为一位英勇的战士，手持碧血宝刀，身着华丽的金甲，笑傲江湖……为了达到这个目标，我开始逃课，减少睡眠时间，用不多的生活费买装备。努力也的确有回报，不少人在游戏里称我为大哥，要我带他们练级、打宝，这极大地满足了我的虚荣心，但相应的代价就是经常顾不上吃饭，身体变差了，学习成绩更是一路下滑。大二上学期挂了三门，补考也没过，第二学期又挂了三门。辅导员找了我好几次，苦口婆心地告诫我，劝我，并通知我的父母来了学校，沟通了学校这边的处理，先留校观察，如果到大三依然没有改善，就可能会被勒令退学了。我父亲一听到我在学校如此“堕落”，劈头盖脸地就骂我没出息，完了又低声下气地希望辅导员老师多给次机会，多教育。我看着父母赔罪的老脸，心里也觉得难受，我怎么混成了这样？这么大了，还在折腾我的爸妈？我当场也给辅导员老师保证，承诺再也不玩网络游戏了，会尽力把学习搞好。

如果这个承诺实现了该有多好啊！我发现我根本没有办法控制我自己，每次打开电脑我就强迫似的点进游戏的页面，欲罢不能，心里很矛盾很压抑，越是这样，越想要在网络世界里狠狠地去发泄……劝退的通知还是下来了，狼狈地跟父亲回了家，根本没法在亲戚邻居面前抬起头，无所事事的我，只能再次到虚拟的网络世界中寻求安慰……

网瘾，近年来已经变成大家一个熟悉的词汇，充斥在我们的阅读屏幕、日常交流之中，时不时都会听到“我有网瘾”或者“我小孩陷入了网瘾中去了”。可能你身边就那么一两个人有网瘾，因为有网瘾的人真的很多。中国青少年网络协会发布的数据显示，青少年中有网瘾者的比例占到14%，按照这个比例推算，我国有上千万的青少年有网瘾。

网瘾的正式名称为网络成瘾综合征（internet addiction disorder，简称 IAD），最早由美国精神病学家伊凡·戈登伯格（Ivan Goldberg）于1994年提出。提出至今，它的定义几经修改完善，目前主流的一个定义来自世界卫生组织：由于过度使用网络而导致的一种慢性或周期性的着迷状态，并产生难以抗拒的再度使用的欲望。同时会尝试想要增加使用时间、耐受性提高、出现戒断反应等现象，对于上网所带来的快感会一直存在心理与生理上的依赖。

有网瘾的人，其状态都是大同小异的，在线上时，双目紧紧盯着屏幕，整个身心好像都被网络吸进去了，除此之外的事，他都自动屏蔽掉了，不再想，不再听。这也是他们想要的好处之一，可以不用再想外界让他们烦心的事和人。还有一些好处是：在网络中，他们或许会感到更多一些的快乐、安全、自信或是成就感，获得满足，这是他们在现实生活中所缺乏而又渴望的。为了这些满足感，他们有时候宁愿挨饿，也不抽一些时间去吃饭，宁愿忍住大、小便，也不分一点时间去解决。当他们下线时，会念念不忘，强迫性想着网上发生的事情，手指有意无意地作出敲击键盘的动作，还会莫名地焦虑，这些让他迫不及待再次投入到网络中去，就好像处在热恋中的人一样，只不过他的对象是网络。

然而，就好像甜蜜的热恋终将逝去，网络带来的满足感也会慢慢地降低、消退，取而代之的是洪水般的空虚、无聊、孤独。但是他们像着了魔一样，不甘心地想要寻回来，就会一而再、再而三地延长在网络上的时间。可能一开始能如愿，寻回一点，然后又失去，然后再延长时间，获得一点，再失去……

某一天，他们终于受不了，意识到了上网带来的严重问题：与在乎的人的话越来越少了，关系越来越疏远了，甚至还对他们满口谎言，学习或工作荒废了，身体动不动就有气无力了……开始痛定思痛，暗暗下决心戒瘾，也开始真的采取行动去戒，去控制，减少网络的使用时间。然而，他们大多都会悲剧地发现：戒不了！

因为网络成瘾在某种程度而言跟海洛因成瘾本质是一样的，它们都会扰动我们大脑中的奖赏系统，从而使我们产生欲罢不能的心理渴求和失控的自毁行为。因此，要戒掉网瘾，也是需要下一番功夫的，也是需要一些知识与技巧的。

（二）戒瘾，不是意志力说了算——赌博成瘾患者的故事

我失去了一切。以前的我，打牌都不会的，6年前一次偶然的机遇，点进了玩中国游戏中心的网页，玩了一次梭哈，是我噩梦的开始……从此，没有任何快乐可言，没有任何信用可言，众叛亲离，就是个无赖。快30岁了，无任何积蓄，还背了一身债。回头看这6年的网

络赌博经历，真是不堪回首！

最开始两三年，只是偶尔点进玩一玩，有赢有输，但数额都不大，工作和生活照常，没有受到影响。即使输了，也不会因此而耿耿于怀心事重重。三年前的某一天下班后，很无聊，就去上网，有个网友在QQ上发信息给我说，新开了一个游戏平台，有更火爆的游戏——百家乐。我就点进去，按照自己感觉随便下了注，就丢在那里挂着，自己上洗手间去了。回来后惊呆了，我的账号上就多了一万多，上个厕所的时间，就赚了一万多，比自己三个月的工资还多。

后来就没那么好运了，输多赢少，但并没有让我停下赌的步伐，反而，我想要赌博的欲望越来越强烈，花在赌博的时间也越来越多，每次只打算玩一两个小时，但通常一玩就一个晚上。白天上班没什么精神，难以集中注意力，实际上也没有什么心思放在上面。因为一直在想赌博的事，赢了想怎么赢得更多，输了想怎么扳回本，具体要赢多少或者输多少我才放手，自己内心也没底。

每次网络赌博，我都是偷偷的，不敢告诉女朋友和家人，即使赢了钱，给他们打钱的时候，也是找借口说是跟朋友做生意赚的外快。至于为什么，自己也搞不清，可能觉得蛮羞愧，蛮见不得光的，有时候也想过戒掉，不再赌博了。但是当我有想赌博的欲望时，好像除了赌博之外，就没有其他办法让这种渴望消除；而且当我想要网络赌博，而因为工作或者女朋友不能去赌时，我就会变得很烦躁，容易发火，常常撒谎然后去赌博。因为赌博，工作绩效考核成绩一直下滑，现在都快垫底了，跟女朋友关系变得糟糕，正处于分手的边缘。

面对这些，我感到压力很大，不敢面对，生活在恐惧中，害怕被发现。女朋友在挽救我们的关系，她看我整日无精打采的，不开心，还经常发火，她觉得我可能得了抑郁症，坚持让我去看心理医生。我觉得没有必要，我没有疯，也没有得抑郁症。我认为这种网络赌博习惯也算不上一种疾病，只是我毅力不够，所以没办法停止下来，我要的是找到一种方法，提高意志力就能戒掉。

以上赌博成瘾者的故事，在赌博成瘾患者中是很典型的。赌博成瘾在学术上又称为病态赌博，它是一种常见的精神疾病，表现为老是控制不住地想要去赌博，即使明知不能再赌了，面临妻离子散，还是控制不住地去赌。成瘾者饱尝它带来的一系列恶果，包括破产、失业，关系尤其是亲密关系受到破坏，甚至导致患者自杀，有研究显示赌博成瘾者自杀风险高达24%。

百姓对赌博成瘾常存在一个误解，常认为成瘾是由意志力弱、不负责任、自私导致的不好的行为习惯，只要成瘾者够坚定，能够负起责任，多为家人和身边的人想想，就能停止赌博。所以不管是成瘾者本人还是他人很少意识到赌博成瘾是一种疾病，需要专业的治疗，反而会责怪自己缺乏意志力，或受到他人的指责，而感到羞愧和内疚。

实际上，在2013年版《精神疾病诊断与统计手册》已经明确指出，赌博成瘾是一种类似物质成瘾（例如毒品成瘾）的慢性脑部疾病，有着类似的临床表现（耐受性、戒断症状、心理渴求）以及神经生理机制。赌场赌本翻番时的癫狂就相当于可卡因或海洛因带来的快感。在2005年，一项使用了纸牌赌博游戏的德国研究表明，赌博成瘾者和毒品成瘾者一样，对快感丧失了敏感度，即他们在日常生活中很难再感受到快乐，常常感到无聊或无趣，只有赌博才能带给他们快乐。在美国耶鲁大学2003年的一项研究，以及荷兰阿姆斯特丹大学2012年的一项研究中，研究者发现赌博成瘾者的大脑前额叶区的电活动水平比正常人的要低。物质成瘾者的前额叶皮质的活跃度也往往较低。在此再次强调，赌博成瘾因长期的赌博行为已经引起了大脑的变化，是一种慢性脑部疾病，不是单靠意志力能改变的，需要及早到专业机构接受治疗，就如得了心脏病需要到心脏科接受治疗一样。

（三）买还是不买？不买难受，买了又后悔——购物成瘾者的故事

我叫萧米（化名），今年27岁，本科毕业后在一线城市一家外企公司上班，工资待遇在同学中还算不错，但是至今却一分钱都没攒下，反而债台高筑，催款的账

单接踵而来。我一不烂赌，二不酗酒染毒，三不好吃懒做。但我有一个像毒品成瘾一样可怕的癖好——购物成瘾。电影《购物狂的自白》的丽贝卡就是我的翻版，在电影开头她对着镜头说的："当一个长得很可爱的男生对你微笑时,你会觉得整个世界都在颤抖，视野顿时变得明亮与甜蜜吗? Well，这就是我的感觉，当我看到一间商店!"也是我在商场或者网店看到商品的真实感受。

有着特殊味道的意大利皮鞋，有着柔软触感的卡什米尔围巾，有着可爱美艳包装的香水，还有那些琳琅满目的八寸跟鞋、裙子、首饰，每样都让我不能自制，虽然我也想过"我需要这些吗？"但那是没用的，从钱包里拿出卡，再刷卡的感觉是真实的，签单的那一刻是幸福的，在拿到商品那瞬间分外满足，就好像做了件了不得的事情，那种感觉比任何开心过都要好，让人忘掉了一切烦恼。就如Rebecca所说的："当我购物的时候，我觉得世界变得更美了。它确实更美了。"

但这不是真正的快乐，它的时效只有短暂的片刻，无法持久。回到家，发现很多东西其实自己并不需要，甚至根本用不上，懊悔与自责扑面而来，暗暗承诺下次要控制，不再这么无节制地购物了。坚持一段时间后，慢慢感到空虚，内心那股想要购物的渴求在慢慢滋长，而且你越是压抑它，它就越是活跃。慢慢地，它变成一种压力，而且不断增强，进而扩散到全身，让人很烦躁。于是只能又投入到买的热潮中，直到整个人被释放，整个心房被填满。然后又卷入下轮的不买——买的循环，如此这般的循环。

难以自拔的疯狂购物远远超出我薪资所能承受的范围，我开始撒谎向男朋友、闺蜜及家人借钱，债台越筑越高，沉重的如一座大山一样，压得我喘不过气来。而且每天生活在害怕谎言被揭穿的恐惧中，为掩盖一个谎言，需要更多的谎言，一个接一个的谎话让谎话无限扩大，内心恐惧也随之无限地放大。每日的生活就如在地狱中煎熬。

我不知道怎么办，如果生病了，还可以找医生，但是购物上瘾好像也算不上一种，找医生也不一定能帮的上忙。曾经无数次试图戒掉购物瘾，不过最终都在心仪的商品之前败下阵来。也想向朋友亲人坦白求助，但又担心他们会指责我好攀比，贪慕虚荣。

购物成瘾是一种很痛苦但较少为人知的精神疾病，许多有购物成瘾的人，一般在购物前会有很不快乐的紧张压力，购物时这种压力得到瞬间发泄，心情会变得很舒畅、轻松和愉悦，但事后又会感到苦恼和后悔。就像案例中的萧米（化名）一样，承受着“买还是不买”的冲突，一方面，控制不住地想要购物，但另一方面又会发现，买回来的自己完全不需要，可能同类的商品早就囤积了一大堆了，因而感到后悔、自责。

购物成瘾者在购物上的开支往往超过他们的经济能力和预算，给自己和家庭生活带来很大的负面影响，但大多都会像萧米（化名）一样，认为这不是一种医学疾病，不会到医疗机构寻求专业的治疗。他们怕被人指责自己“购物狂”，意志薄弱，虚荣心强，不知道控制自己的贪欲，因此也不会告诉身边的人，向其寻求帮助；唯有能做的是默默承受购物成瘾带来的痛苦。

事实上，购物成瘾者在人群中的比例并不低。在美国和德国，成年人中有6%~7%的人有购物成瘾，在我国，已有数据显示大学生人群中购物成瘾者的比例高于8%。换句话说，大概每14个人中就有1个人有购物成瘾。购物成瘾类似于网络成瘾，是行为成瘾的一种，是需要专业治疗的。这样才能摆脱购物成瘾的控制，恢复正常的生活。

（四）“我承受着巨大的痛苦，却羞于启齿”——性成瘾者的故事

我叫唐毅（化名），今年36岁，27岁结婚，28~30岁在国外读硕士，回国后在高校工作，后来有了小孩。外人看来是个年轻有为的男人，温文尔雅、好相处的同事，细心、体贴的好老公，温和、耐心的好爸爸。另外一面，我却无可救药地沉迷于色情。就如电影《羞耻》中对性无法自持的布兰登，表面上看，他和任何一个身居曼哈顿的白领没什么不同，衣冠楚楚，举止文雅，工作稳定，有一套属于自己的小公寓。唯一不同的是，他

的工作间隙以及业余时间，都在手淫，一夜情，不断地招妓，不断地观看各种色情视频、电影、书籍。

起初，我认为自己跟布兰登不一样，我只是迷恋色情图片与视频，没有实际的性行为。尽管观看色情一直是羞以启齿的秘密，让人觉得龌龊，但这是一件爷们都会干得事。和其他的坏习惯相比，色情似乎一点杀伤力都没有。要是赌博，你的钱就会输光；要是吸毒，你的身体健康受到侵蚀。之前我看不出色情有什么坏处，色情不会影响我工作，也不会影响我生活，也不会让我身子坏掉。所以，我以前从来都不会担心看色情会有什么恶果。

上学的时候，跟其他男孩子一样，电脑上总有一个隐藏的文件夹用来装A片。但那时不算频繁，只是偶尔看看。工作后，往往是在为了晋职称晚上熬夜写论文时，电脑一边工作着word窗口，一边开着色情视频窗口，来回切换着看。最初看色情，就相当于写材料过程中的中场休息，放松后接着写，工作效率没有受到影响，反而由于色情片的提神作用，好像还有所提升。后来，仅仅单看所带来的快感和放松不再那么明显了，就开始和自慰结合起来，感到自己融入到性爱角色中去了，那种感觉和嗑药一样嗨。嗨过后，就感觉到疲倦，腰膝酸软，想立刻就睡觉，结果就去睡觉了，原本预期要完成的工作，就不得不推迟到第二天了。

慢慢地，看色情的次数越来越多，花的时间越来越多，看色情时间和场合也开始延伸，以前只是晚上在家的时候看，现在白天在学校办公的时候，看到网页植入的色情广告，无意间弹出的色情窗口，一不留心就点击进去，无穷无尽的色情链接，点进，点击，点击！哇，还有呢！我还在想，有没有更多？点击，点击，点击！又有了！一眨眼，一个上午就过去了，该做的活一样也没完成，静静躺在那儿。这时候，我才意识到出问题了，对色情上瘾了。

原本以为无杀伤力的色情，在我觉醒之前，已经潜移默化地侵蚀到我的生活，色情的恶果慢慢显现。我变得容易发火，好像变了一个人一样，觉得自己配不上妻子，觉得自惭形秽。想到自己沉迷于色情就觉得非常郁闷，戒备心特别强，害怕看色情会随时被逮到。这种负面情绪常转化为怒火，看到不顺眼的事情就会大发脾气，妻子和年幼的女儿常会无辜被殃及。事后又会觉得很内疚，尤其看到妻子的隐忍，看到儿女双眼含着泪光的委屈和胆怯，觉得自己特混蛋。

妻子问我发生了什么事情，我无法向她坦白，只能找借口说是工作忙、压力大的缘故。妻子信以为真，贤惠的她不仅自己要工作，还包揽了家务事和照顾女儿的任务，没有一句怨言。每次面对她，内心就是深深的愧疚感。由于色情占用我越来越多的时间和精力，工作一而再再而三地拖延。科室主任注意到后，问我原因，我又只能找借口应对。我讨厌现在自己的样子。我是个骗子，满嘴谎言。

曾经尝试无数次戒，都没什么效果。曾试过转移注意力，增加兴趣爱好改变,但坚持不下来；研究过佛法,也心静过,但都是暂时的；也试过一想看色情就去俯卧撑，但完全坚持不来。对色情的欲望，越是加以压制，它越是强大，最后变成一股甩不掉的压力。就好像一个球体从山上滚下时,你让它停止,可想那是多么地徒劳。

我感觉到了崩溃的边缘了，再这样下去，我的工作、我的家庭、我的一生，都会被色情给毁了。

性瘾这个说法首次被提出是在20世纪70年代，波士顿一家匿名戒酒会的一个成员，把自己沉溺于色情与性爱中，如同一个人沉溺于酒精，因而把自己对性的沉迷称为“性瘾”(sexual addiction)。性瘾具有隐秘性和沉溺性，性瘾者感到痛苦却无力停止这种行为模式，事后伴随着空虚感，工作、生活以及社交关系会因此受到负面影响。性瘾表现为不可自控地沉溺于色情图片、视频或文字，不能控制地滥交、自慰，杂乱的婚外性行为。在现实生活中，某个性瘾者可能只有上述行为的一种或两种，例如案例中的唐毅（化名）是色情加自慰，也有的是多种兼有，例如电影《羞耻》中的布兰登。

由于性瘾的隐秘性，人们甚少公开讨论性瘾，这使人们常产生一种似乎性瘾很少见的错觉。偶尔发现一个有性瘾困扰的人，会大吃一惊，觉得不可思议，好好一个人怎么会有性瘾呢。他有性瘾，那就说明他是变态的、心理阴暗的、不正常的人。但实际上，有研究数据显示，有性瘾的人比例高达3%~6%，他们并不是来自某些特殊群体，而是存在于我们这些普通人群之间。正如温迪·马儿茨和拉瑞·马儿茨在他们的著作《跳出色情的陷阱》写道的那样：

“大家总是会认为，沉溺于色情不能自拔这种事不是一般人会做的。没有人愿意把大学生、会计、牧师等各行各业的人看成是色情成瘾的人。而事实上，正是这些普通人会观看色情：普通人，像你，我，飞机上邻座的人，你的医生，你的修车师傅。”

尽管最权威、最新的《美国精神疾病诊断与统计手册》，未把性瘾像赌博成瘾一样纳入到行为成瘾这一类的精神疾病，但是最新研究证据显示，性瘾跟赌博成瘾并无本质性的区别。剑桥大学研究人员对19名男性在观看色情视频时的脑部活动进行了扫描，他们发现这些被调查人群的脑部产生的兴奋点，和患有毒瘾的人看到自己吸食的毒品种类时产生的兴奋点，属同一部位。换句话说，有性瘾困扰的人，也是需要专业的治疗，才能康复的。

事实上，无论是哪一类的“瘾”，由于缺乏对成瘾知识的了解，成瘾者本人往往耻于求助，家人痛心责备，而旁人也多选择避而远之，进一步把成瘾者推到了求助无门的孤岛上，而“瘾”则在黑暗中继续滋长蔓延。因此，只有攻破偏见的城墙，看清楚成瘾症到底是什么，我们才能知己知彼，整合社会、家庭以及个人等多方面资源来应战。接下来，就请你跟着我们一起去探究成瘾症的真相吧！

第二讲

探秘成瘾真相

一、成瘾是什么

“瘾”这个词现在越来越频繁地出现在我们日常对话中。看到某个人经常跑步，我们会笑称“他跑步上瘾了”；看到某个人经常吃同一款雪糕，我们也会调侃说“他吃雪糕上瘾了”。但我们笑过之后、调侃之后，并没有哪个人会当回事，煞有其事地去戒瘾。那么真正需要重视的瘾到底是什么呢？

一般而言，需要我们认真严肃对待的成瘾属于精神病学范畴，通常是指人们对某一物质或行为习惯的依赖性达到一定程度，具有强迫性、长期性、反复性等特点，对正常的工作、生活或人际关系造成极大的危害。成瘾者尽管明白这么做会给自己带来不好的后果，但仍然控制不住去做某行为、使用或食用某些物质。

二、“瘾”有哪些类型

成瘾最常见的分类是按照成瘾对象的性质进行划分，大致可以分为两大类：物质成瘾和行为成瘾。不少人误认为成瘾仅局限于特定的物品和活动，但实际上，人们对任何东西或事情都有可能上瘾，如赌博、上网、购物、运动、性、咖啡、巧克力等。当人们贪图它们带来的快感，或企图借助它们逃避生活中的压力与烦恼，不加节制地使用某些物品或进行某项活动时，成瘾的风险就大大地增加了。

美国著名的治疗成瘾的心理治疗师弗雷德里克·沃尔夫顿在其著作中总结了他在多年的成瘾心理治疗工作中见到的常被滥用的物质及行为（详见表2-1），这些在我们国内的成瘾治疗工作也经常碰到。

表2-1 易上瘾的物质及行为

物质	行为
1. 酒精：包括白酒、药酒、啤酒、葡萄酒	1. 科技：追电视剧、网络游戏、手机
2. 尼古丁：烟、尼古丁口香糖	2. 购物
3. 食物及饮料：巧克力、咖啡、所有种类的汽水	3. 赌博
4. 处方药：曲马多、丁丙诺啡、止咳水	4. 色情
5. 非处方药：感冒药、速达菲、泰诺、阿司匹林	5. 冒险行为：漂流、蹦极、文身或穿孔
6. 非法毒品：海洛因、病毒、K粉、麻古、大麻	6. 追星

另外一种常见的分类是根据成瘾的危害程度，将其分为软成瘾和硬成瘾。软成瘾通常是指存在于日常生活中的一般行为，如看电视、玩手机、喝咖啡、吃高热量食品等，但是这些行为的程度远远超过日常所需，使得当事人的生活因此受到干扰，并且伴有强迫性的冲动。

硬成瘾一般是法律所禁止的，成瘾性更高，对身心危害更严重，如毒品成瘾等。

三、成瘾的四个核心要素

各式各样的成瘾问题从外在表现来看似乎千差万别，然而从内在核心要素来看，它们又是相同的。因此，最近有学者提出，每种外显的具体成瘾问题（如酒精依赖、病理性赌博等）应该被视为内在成瘾综合征的不同表现。各种成瘾问题共同的内在核心要素主要有奖赏效应、心理渴求、耐受性以及戒断反应，以下将分别介绍。

（一）奖赏效应——无与伦比的愉悦感

奖赏效应是成瘾者在使用瘾品或进行成瘾行为之后所体验到的愉悦感，这种愉悦感在初次体验到成瘾初期是很强烈的（有关奖赏效应的生理机制，详见本书第三章）。它在成瘾的形成过程起着决定性的作用，它就相当于一根诱人的“胡萝卜”，在前面一步一步诱惑着当事人陷入成瘾这个深渊。此处所说的愉悦感，可以是食物成瘾者一口一口将食物吃进去时的充实感；也可以是网络游戏成瘾者在魔兽世界里第一次打出绿色装备、第一次下副本、第一次拿到蓝色武器的那种激动与兴奋；也可以是色情成瘾者在观看色情片时的那种一切尽在掌握之中的控制感，和那种绝顶的快感，就好像一道激流闪电击中身体；也可以是电影《篮球日记》中主角吉姆·卡罗尔描述第一次注射海洛因时，感受到一股暖流穿过自己的身体，而所有痛苦、悲伤、负罪感都被冲走。电影《购物狂的自白》中女主角丽贝卡——购物成瘾晚期患者的描述，或许更能让正在阅读此书的你感受到这份愉悦感不可抗拒的魔力。

商店就是让人去享受的,嗯，买东西的感觉太棒了！哇，不止是太棒，简直……太美好了，模特身上丝绸的光泽，意大利皮鞋的味道……哦，那种刷卡的冲动，只要刷卡就都属于自己了！当你买了什么的时候，就会非常快乐，购物就像天堂，通往天堂只需要小小的信用卡，谁敢说那种感觉不是最美的呢？很想跑到山顶大呼过瘾，你感觉如此自信并且活力四射、开心。

表2–2罗列了常见的5大类精神活性物质以及它们可能会产生的奖赏效应。

表2–2　常见的5大类精神活性物质及其奖赏效应

类型	效应
兴奋剂：可卡因、安非他命、咖啡因、摇头丸、冰毒	通常可以积极地改善一个人的情绪，让人保持清醒以及注意力集中
镇静剂：酒精、乙醚、巴比妥酸盐、含苯二氮药物（如安定）	使人平静、放松、反应变慢

续表

类型	效应
迷幻剂：LSD、天使丸、克他命等	扭曲视觉、听觉及其感官感觉，会使人情绪和思维发生复杂变化，服用过量通常会有奇妙的体验，感到“自己和宇宙融为一体”。
鸦片剂：鸦片、吗啡、海洛因、可待因等	鸦片剂属于镇静剂的一类，但是它除了有镇静效应外，还有强烈的欣快感。
混合剂：酒精、尼古丁、大麻等	具有两种及以上的效应，例如尼古丁混合了兴奋剂和镇静剂的作用。

（二）心理渴求——难以平息的欲望

在成瘾的中后期，前文所说的愉悦感逐渐减弱，替之于越来越强与越来越频繁的渴求，如果说初期的愉悦感是诱人的“胡萝卜”，在前面诱惑当事人逐步陷入成瘾深渊，那么后期的渴求就像抵住脑袋的那把手枪，在后面步步紧逼当事人继续前行。尤其值得注意的是，这种渴求感会长期存在，即使是戒断几年甚至几十年的当事人，仍然会时不时感受到这种渴求感。

曾治疗过成千上万人的成瘾专家奥马尔·马涅瓦拉（Omar Manejwala）认为，渴求是成瘾的核心症结，表现为一种强烈的欲望，一旦它得不到满足，会使人的身体和精神上产生一些症状，这些症状中轻的让人不悦，严重的让人感到的是难以忍受的巨大痛苦。就单次的渴求而言，它有强弱之分，弱渴求的表现形式是温和的，持续时间很短暂；强的渴求会表现为强烈的，让正在忍受它的人感觉每一刻都是那么漫长（图2-1）。实际上，单次渴求本身真正持续的时间并不长，但是，由于该体验非常强烈而且重复出现，因此让当事人感觉似乎持续了很久。

图2-1　单次渴求的强度连续谱

渴求往往是当事人向成瘾屈服的关键原因，驱动当事人做出一些自毁的行为。尤其是强烈的渴求，一旦出现，它就像被巫师施了魔法的藤蔓，爬上你的脖子，由松至紧，缠绕着，你开始感到不舒服，你开始抵抗，扭动着你的头，然后似乎都是徒劳的，反而缺氧得更厉害，使你的窒息感越来越强烈。而那根可恶的藤蔓仍在不休不止地继续缠绕着，似乎永无止境。

这时你之前要控制成瘾的誓言与决心早就烟消云散，什么身体健康、家庭责任、工作前途根本无暇顾及，满脑子都是如何快一点摆脱这种该死的窒息感，满脑子都是想方设法去获得瘾品，颤抖地将它输送到体内，或者半夜三更地从床上爬起来，打开电脑，迫不及待地把自己抛入到色情的世界。终于，渴求得到了满足，那根紧紧缠绕的藤蔓像顿时失去魔力了一样，倏的一声消失了。这时，你松了一口气，似乎获得了极大的解脱。

片刻之后，你又会非常懊悔与沮丧，就好像从战场上被人打败的残兵败将，虽然前一刻九死一生地逃脱了敌军的凶残追杀，然后你终究是被打败的残兵，你的身体、精神、家庭、工作、人际关系都是一团糟，就好像刚结束战斗后的战场，一片狼藉。你颓然地坐在那里，无力地望着这一切。

（三）耐受性——“原来的刺激已经满足不了我了”

随着反复使用瘾品或行为，个体对原有剂量的瘾品或行为变得不敏感，所追求的效果（如快感或平静感）慢慢减弱，不得不增加剂量或改变使用途径、更换成瘾属性更强的物质或活动才能达到同样程度的欣快感。在耐受性影响下，酗酒者不断加大每一次的饮酒剂量；网络成瘾者不断延长每一次网络使用的时间，最后通常都是通宵达旦；赌博者不断增加赌注和筹码。以下成瘾者的自我描述，可能更能帮助你理解耐受性的具体表现。

网络游戏成瘾者：越玩越频繁

刚开始时，我每天只玩一个小时，很快我花更多的时间。魔兽世界是一个让你不断挑战的游戏，要不停地设置新的目标，获取更好的装备，于是，你就会越玩越频繁。最着迷的时候，一下班回到家就开始玩，每个晚上玩5~6个小时。周末的时候，我下午1点起床，然后一直玩到凌晨一两点。

色情成瘾者：从只看色情节目到一夜情

最初的时候，只是每次出差，在酒店房间看即时付费的色情节目。后来，单纯地看无法满足了，就开始加上自慰。一段时间后，独自一个人的性已经不能满足我，于是我看完色情节目以后，就会在酒店休息室随便找女人搞一夜情。

购物成瘾：我的生活越来越窘迫了

我现在每天花在浏览商品信息的时间有7~8个小时，一个月因为购物要支出6千元左右，我还是大三的学生，没有收入来源，所以主要是刷老妈的信用卡。最初的时候，购买的都是头绳、围巾之类的小物件。但后来随着瘾的加深，买的东西就越来越贵，前天就买了600多块的一个包，若换做以前的我，我想都没有想过会买这么贵的包。

（四）戒断反应——“我的身体和精神完全受控于它了”

戒断反应亦称戒断综合征，即当停用长时间或高剂量使用的某种物质（如烟、酒及毒品等），或停止进行过度的某种活动（如上网、购物等）而出现的一组不同表现、不同程度的症状，包括精神症状、躯体症状或社会功能受损等。

在当事人对成瘾物质或行为的耐受性越来越高时，成瘾者不得不去追求更高剂量、更高强度的刺激，这势必也会给当事人的生活造成严重的影响，如高额度的消费、无法完成正常工作，家庭关系紧张，甚至是妻离子散等。这样一些严重的后果会促使当事人下决心说“我再也不碰那东西了”“再这样下去我就什么都没有了，我一定要戒掉……”，但结果往往并不如意，原因就在于当停用成瘾物质或停止成瘾行为时出现的戒断反应同样让人感到“生不如死”。

以下列举各类成瘾常见的戒断反应。

（1）**阿片类戒断反应**　症状于停药后5~6小时出现，表现为强烈渴求阿片类药物，流涕流泪、肌肉疼痛或抽筋、胃肠痉挛、恶心、呕吐、腹泻、瞳孔扩大、反复寒战、心动过速、睡眠不安等。

（2）**苯二氮䓬类戒断反应**　症状出现于停药后1~3天，表现焦虑、震颤、恶心或呕吐、心慌、头痛、虚弱、失眠，严重者表现类似震颤谵妄或癫痫发作。一般持续3天～2周。

（3）**中枢兴奋剂戒断反应**　苯丙胺停用时也出现焦虑、抑郁、精神运动性迟滞或激越、胃肠道痉挛等，严重者可出现自杀。一般有长期的精神活性物质使用史，停用精神活性物质后出现上述戒断症状，诊断并不困难。

（4）**酒精戒断反应**　当酒精依赖者血液或组织中酒精浓度下降时，表现出伴有生理和认知症状的异常行为，包括焦虑、抑郁、易激惹、出汗、恶心、呕吐、失眠和心动过速，重者出现震颤谵妄和癫痫发作。

（5）**吸烟戒断反应**　心急、胸闷、咳嗽、短暂健忘、无精神、发胖、发抖等。

（6）**网瘾戒断反应**　网瘾者在接触不到电脑时，会产生恼火、紧张、易怒或抑郁等情绪。会像敲击键盘一样地以手指敲击桌面；会反复咀嚼他们在网上做的事情。

四、关于成瘾，我们误解了哪些事

（一）成瘾的人常常是那些道德败坏者

对于成瘾，人们常常抱有一种偏见：成瘾是一个道德问题，成瘾的人都是一些意志薄弱、道德败坏、性格扭曲的失败者，心智正常、积极上进的人一般都不会成瘾。因而，老百姓都会有意无意地谴责或排斥成瘾者。家人或好友发现身边的人成瘾了，都会摇头叹息：你怎么就这么不争气呀！你怎么就那么不懂事啊！然后，软言细语地规劝，规劝不成就大声责备，进而大怒。

实际上，成瘾是我们每个人都有可能患的一种慢性大脑疾病，这不只是意志薄弱者才会患的疾病。事实上，在适当的情况下，例如长期累积的压力、重大的创伤、缺乏有效的社会支持、有便捷的接触渠道等，普通人群中的每个人都有可能发展某种类型的成瘾。经验丰富的成瘾治疗师弗雷德里克·沃尔夫顿（Frederick Woolverton）在其著作《戒瘾：成瘾治疗的案例分析与自助指南》中特别强调了这一点：面对成瘾，我们每个人都难以幸免。他在书中写道：

“它折磨着许多不同种族、不同宗教信仰、不同背景、不同年龄和不同阶层的人们。即使是适应力强，备受尊敬，从不吸烟、喝酒、吸毒的遵纪守法的好公民也难以摆脱物质滥用这个噩梦。意外事故、亲人去世、离婚、工作上的挫折或者罹患严重的疾病都可以导致一个长期以来性情温和、努力工作、身材苗条、处事冷静的人转向通过药物、购物、性、暴饮暴食来寻求心理慰藉。这些人类的恶习可能会在你不经意间就养成了。即使那些拥有名望、天资和成功的人士，也难以幸免。”

沃尔夫顿口中的“拥有名望、天资和成功的人士”从古至今俯拾即是，如历史人物中查尔斯·波德莱尔（诗人）对印度大麻和鸦片上瘾，奥尔德斯·赫胥黎（作家）对酒精、墨斯卡灵迷幻药上瘾，弗洛伊德（心理学家）对可卡因上瘾，亚历山大大帝（军事领袖）及李白（诗人）对酒精上瘾；当代名人中吸毒成瘾、性成瘾、赌博成瘾的报道亦不在少数，不再一一列举。

在此，我们力证成瘾是一种疾病，而不是一个道德问题，岂不是帮助成瘾者们摆脱责任？当然不是！恰恰相反，我们希望他们摆脱的是因成瘾带来的社会歧视与排斥，以及他们内心沉重的羞耻包袱，然后真正承担起从成瘾疾病中康复起来的责任，如主动站出来寻求专业的治疗服务。据《2014年世界药物报告》显示，近年来，全球每6名问题药物使用者中仅有1人接受了专业治疗服务，其中一个重要原因就是人们包括成瘾者本人并没有把成瘾当作一种疾病来看待，即使想到专业机构寻求帮助，但限于社会对成瘾极大的偏见，亦犹豫不前。

（二）成瘾在我们社会中很少见

提到“瘾”这个词，大多数人脑中可能会迅速闪过海洛因、病毒、大麻、K粉等，似乎“瘾”离我们的生活很远。但细细想来，各式各样的瘾渗透在我们生活中的每个角落，对此，苏珊·奇弗在其著作《性，上了瘾》一语道破：

“‘成瘾’是21世纪的时髦词汇。人们有各种各样的成瘾行为，从甲基安非他命的严重依赖到对星巴克的拿铁上瘾……或是必须躺在6000纱支的高级床单上才能入睡……‘成瘾’无处不在。”

正如苏珊·奇弗所说的，“瘾”在我们生活中无处不在，如赌博成瘾、购物成瘾、网络成瘾、色情成瘾、烟瘾、酒瘾、甜食成瘾等，成瘾者的比例远远比我们想象得要高。2008年，美国医学会估计有500万青少年染上视频游戏瘾；2012年，联合国出版的最新世界药物报告显示15~64岁的世界人口中约有2700万人有药物成瘾问题；2013年，美国国家药物滥用机构估计在美国大学生人群中有35%的人有严重饮酒问题。在我国，根据中国青少年网络协会2010年的统计报告，我国城市青少年网民中网瘾青少年约占 14.1%，人数约为 2404.2 万。从以上的统计数据来看，成瘾并不是特例，而是需要社会各界重点防范及干预的社会问题。

（三）只有出现戒断反应才是成瘾

这一点无论是在我们老百姓中还是在以前的成瘾研究者们中都很常见。在他们眼中判断是否成瘾的黄金标准就是：没得用时，有没有出现生理上或心理上的负性症状，如不同寻常地出汗、打寒战、腹泻或者内心烦躁等，即戒断反应，并将成瘾的严重程度等同于戒断反应的严重程度。

为什么要将这个误解拿出来说呢？因为它已经影响了许多成瘾者的早期识别与康复治疗。先拿早期识别来说，很多人已经成瘾了，成瘾已经让他们浪费很多的精力和金钱，甚至破坏他们与伴侣、孩子、父母以及朋友等的亲密关系，也影响了他们的工作，但是他们会否认说“我没有成瘾”，理由是“我停了，身体也没有什么不舒服，只要我想停止，就能停止，所以我没有成瘾”，尤其是在酒精以及大麻成瘾的人群中非常常见。如果当事人都不承认自己成瘾，那何谈治疗与康复呢！再拿康复治疗来说，许多成瘾者到专业机构进行治疗之后，往往大多数人的戒断反应都会得到控制甚至是消除，若是根据“只有出现戒断反应才是成瘾”的说法，那么戒断反应控制了，那么患者就成功戒瘾了，出院之后就万事大吉了，不需要个人的努力了，甚至即使再碰一次两次也没事。然而，真相是他们又复发了，而且“瘾”来得更汹涌了。这时，当事人也包括家属都懵了，反应过来之后就开始各种指责，首当其冲的就是戒瘾机构，“他们的治疗根本就没效”“他们的技术不行”，但是指责之后，成瘾问题并没有得到解决，依然是摆在你面前的一个难题。

要真正解决成瘾问题，我们得清楚地意识到戒断反应不是成瘾的必要条件，换句话说，成瘾不等于有戒断反应，有些人成瘾了，但他可能没有出现戒断反应；没有戒断反应不等于成功戒瘾，有些人戒断反应消失，但不能就此说他已经成功戒掉了瘾。

为什么呢？这背后的原因要追溯到成瘾行为改变大脑的途径。综合当前最新的研究成果，成瘾改变大脑的方式存在两种，第一种是长期反复地进行成瘾行为后大脑发生的适应变化，这些适应性变化导致耐受性和戒断症状；第二种是成瘾经验在大脑中形成的记忆痕迹（简称成瘾记忆）。成瘾神经生物学委员会主任George F Koob教授认为第二种改变显得更为重要，它是区分大脑成瘾与非成瘾的关键。换句话说，有些人没有出现身体上或心理上的戒断症状，例如出汗、打寒战或脾气暴躁，但是他依然算成瘾，因为他大脑内存在成瘾记忆，只要他回想起初次使用瘾品或发生成瘾行为的愉悦体验，那么就可以引发心理渴求和去寻找瘾品或进行成瘾活动的冲动性行为。

尤其是自己预期到接下来很快就能获得瘾品或找到发生成瘾行为的地方，这种心理渴求就越发地强烈。有人做了一个有趣的研究，调查了在禁烟的飞行旅程中，吸烟者们对烟的心理渴求程度变化情况，无论在往程还是在返程，吸烟者的心理渴求都随着飞机起飞至降落而逐渐上升（见图2-2），在离开飞机（T3和T7）时刻心理渴求程度达到最高点，而且这种变化也一样出现常程旅程中。这个有趣的研究巧妙地证明了人的心理预期对心理渴求的影响，在我们临床治疗中，我们也观察类似的现象，戒瘾者常反映说在医院想要再喝止咳水或再吸K粉的次数很少，基本没有，但是随着治疗疗程的结束，越要接近出院，那种“想要”的冲动出现地就越频繁，而且程度越强。

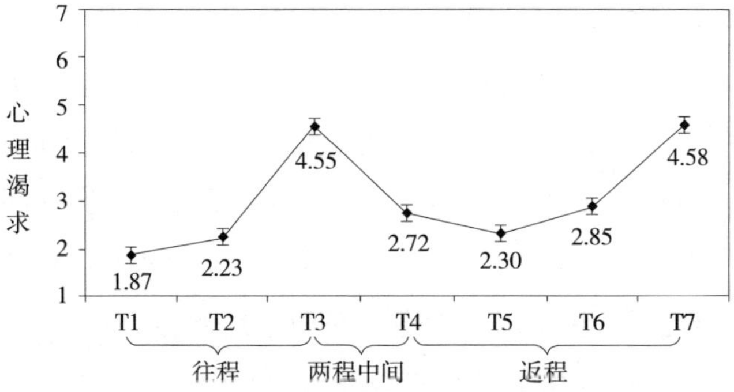

图2-2　心理渴求在航程过程中的变化

综上分析，戒断反应出现与否并不是判断成瘾的唯一标准，直白地说，“有戒断反应就有成瘾”这种说法是成立的，但是，反过来来说“没有戒断反应就没有成瘾”就不对了。因为，即使没有戒断反应，但是当事人大脑形成了成瘾记忆，而这种成瘾记忆被激活，发展为心理渴求，随之产生自毁性的冲动行为，这个过程的出现也标志着当事人已经成瘾了。

五、你有瘾吗——成瘾问题的识别与判断

（一）成瘾是一个连续的概念，而不是简单的“是”或“否”

很多人包括当事人及其家人，甚至是从事戒瘾的专业

人员，往往以“全”或“无”的视角来对待成瘾问题，换句话说，你要么成瘾，要么没成瘾。用这种方式看待成瘾问题，容易导致当事人、家人、专业人员以及其他相关者之间出现许多冲突与对峙。其中最为重要的冲突存在于当事人、家人及专业人员之间，当事人会辩称自己没有成瘾，自己是能控制的，即使停止使用某个成瘾品或某项活动（如上网），我身体也不会难受，所以不需要花力气戒；家人或专业人员则会坚称他上瘾了，过度且反复发生的行为已经给他的生活、工作造成了很坏的影响，再这样下去就会自毁前程，所以他需要戒掉。双方均认为自己是对的，而对方是错的，于是开始了无止境的争吵，争到最后谁也赢不了谁，双方都弄得精疲力尽，而真正的问题仍摆在眼前，未得到丝毫的解决，甚至变得更加严重。

对此，我们不禁要问，造成双方冲突的原因是什么？答案是，我们忽视了从完全没有接触到成瘾是一个连续的渐进的过程。你可以想象一下一个连续光谱轴（图2–3），一端是完全没有，另一端是严重的问题——依赖。

图2–3　成瘾连续光谱轴

通过成瘾连续光谱轴，我们清楚地看到从初期体验到最后彻底的依赖，是一个连续的渐进的过程。绝大部分的成瘾不是一朝一夕形成，而是日积月累的结果。即使成瘾属性很强的毒品如海洛因，也不是一次成瘾的。威廉·巴勒斯在其自传《瘾君子》中客观描述了自己上瘾的经历，他说道："我差不多花了六个月，才有了第一次犯瘾的经历，停用毒品后的反应也不明显。我想，如果我说要一年时间和几百次注射才能造就一个瘾君子，这并不夸张。"有些成瘾属性相对较低的药物，例如可待因、止咳水（如联邦），可能得两三年的时间才会上瘾。

回到前文提到的冲突，现在看来，双方都存在偏颇。对于家人或部分专业人员而言，不细分成瘾的阶段，只要当事人频繁地碰瘾品或上网等，就认为他已经处在很严重的一端——依赖，那确实有冤枉当事人之嫌；对于当事人而言，认为只要自己不处在最严重的那一端——依赖，那就没事，这未免太盲目地乐观了。实际上，只要你有第一次且在内心将它视为获得快感或避免烦恼的方式，那么你就走在上瘾的路上，在你没觉察的状态下，一点一点靠近最为严重的那一端，这是值得警惕的一点。若缺乏警惕之心，那么你确实有你家人所说的自毁前程的风险。

因为我们常常在专业戒瘾机构中的患者身上发现这么一个现象，他们通常会被中间那个较长的过程所迷惑：这个东西是不会上瘾，最起码我对它不会上瘾。殊不知，他正走在上瘾的路上，而他仍被蒙在鼓里，还自诩一切尽在自己的掌控之中。即使看到某个跟他一样使用同种药物或进行同种活动的人最终上瘾了，痛苦不堪，但他仍然坚信自己是属于特殊的那个，跟那些瘾君子是不同的。直到某天，由于某种原因不能进行时或断货了，猛然发现自己犯瘾了，成了瘾君子，并对此感到震惊与难以接受，怎么就上瘾了呢。

（二）“我怎么知道自己上瘾了没？”——自测方法及工具

1. DIAR法则

判断成瘾的一个简单有效法则：DIAR法则（Greenfield,2009）

D：渴望停止（Desire to stop）；

I：无力戒除（Inability to stop）；

A：尝试挣脱（Attempt to stop）；

R：故态萌发（Relapse）。

DIAR法则是成瘾除了耐受性和戒断反应之外，另外一个引人注目的标志。

2. 测一测

吸烟、饮酒、吸毒、吃垃圾食品、运动、赌博、玩网络游戏或是看色情作品等，这些行为到底是一个无关紧要的习惯，还是自我毁灭性的成瘾，有些时候我们很难区分，以下测试将有助于你辨别自己的情况，对照你自身情况，在相应的位置打钩（表2–3）。

表2-3　成瘾倾向测试

条目	是	否
1. 这样做是否能让你摆脱每天生活中的无聊时光？	1	0
2. 你会用它使自己镇定下来吗？	1	0
3. 如果没有了它，你是否觉得空虚？	1	0
4. 如果你一周都没有它，你会感觉暴躁、焦虑或无聊吗？	1	0
5. 如果停止使用它，你会感到痛苦吗？	1	0
6. 如果很长一段时间你都没有用它是否是难以想象的？	1	0
7. 你曾经有过以任何方式让自己的身体不适或是伤害自己的行为吗？	1	0
8. 它让你做过使你后悔的以及原本不会做的事情吗？	1	0
9. 是否停止使用它，你就会出现例如颤抖、出汗或是疲惫等身体症状？	1	0
10. 它是否妨碍了你的工作、学业或重要的人际关系？	1	0
11. 它是否使你考试不及格、逃课、遭到上级的训斥、被解雇，或以其他方式阻碍了你的工作或学习？	1	0
12. 它是否曾经破坏过你与你在意的人的关系？	1	0
13. 做这件事是违法的吗？	1	0
14. 做这件事是否会妨碍你做成更好的判断？	1	0
15. 是否停止它会使你感到沮丧、害怕、生气或想自杀？	1	0
16. 做这件事是否干扰了你的感情生活？	1	0
17. 如果你戒除的话，和你相处的人会变得更快乐吗？	1	0
18. 你的父母、同事、孩子、老师、医生或是好朋友都认为这是一个困扰你的问题吗？	1	0
19. 你是否定期在这上面花钱？	1	0
20. 你是否因为它而陷入债务危机呢？	1	0

续表

条目	是	否
21．它影响了你的睡眠吗？	1	0
22．你是否会宁可做这件事也不愿与同事、家人或朋友相处呢？	1	0
23．你是否更愿意独自一人做这件事？	1	0
24．你是否在这件事上撒过谎或对其他人保密了呢？	1	0
25．取得或完成它是否造成对你自己或他人的不便呢？	1	0
26．它是否使你做了一些不合理的事情，如花掉房租、早晨4点出门或者变成一个让人感到危险的邻居？	1	0
27．当你做这件事的时候，会觉得有些不满足吗？	1	0
28．你对于这件事的需求是否是无止境的呢？	1	0
29．它是否损害了你处理工作、学业、家庭或社会交往的能力？	1	0
30．你是否需要通过这件事来让自己在工作、学业、家庭或社会交往中感觉良好？	1	0
31．你没有做这件事的时候是否会迫切地需要它？	1	0
32．你是否定期地需要它？	1	0
33．当生活中有人公开提出这个事情或询问你的习惯的时候，你是否感到焦虑？	1	0
34．其他的家庭成员也有同样的习惯吗？	1	0
35．你是否期待着做这件事？	1	0
36．你有尝试过停止这件事但以失败告终的经历吗？	1	0
37．你认为它是一个困扰你的问题吗？	1	0
38．你是否认为停止做这件事会使你的生活更加美好？	1	0
39．你是否因不能停止做这件事而悔恨？	1	0
40．你的理智是否告诉你，戒掉它就会感觉更好些？	1	0

选择“是”则记1分，若你的得分超过5分，就说明你的这个习惯已在向成瘾靠近，它对你的生活、工作、人际关系造成了一定的不良影响。这时候，你就需要采取一些措施，以免它变得更糟糕。

3. 停一停

你还可以通过停止你的习惯或行为一段时间来判断你是否成瘾。从现在开始，尝试着离开它一周，如果你能很轻松地度过，那么说明它仅仅是你的一个习惯，并没有成瘾。但是，如果你在接下来的一周过得很煎熬，动不动就火冒三丈，坐立不安，没精打采，对工作或娱乐活动没什么动力，甚至出现老是出汗、颤抖、失眠等，与此同时，你发现自己内心非常渴望它。那么你就很可能陷入成瘾泥潭，是需要认真考虑如何抽身而出的时候了。

第三讲

解析成瘾来源

导致一个人成瘾的影响因素是复杂的，Hawkins和Fitzgitton归纳了4方面的影响因素：生物学因素、心理行为因素、人际关系因素和社会文化因素。生物学因素包括成瘾的遗传素质以及对成瘾物质或行为的心理生理效应的普遍易感性；心理行为因素包括无聊、孤独、压抑等负性情绪，过早出现并且持续存在的越轨行为、学业的失败、对成瘾活动消费的认可及过早介入成瘾活动等；人际关系因素指家庭的冲突以及朋友圈中毒品消费情况、不明的家庭角色分配等；社会文化因素包括法律环境、社会对毒品的规范、毒品获得的难易、经济状况和邻里环境等。

成瘾的生理心理社会因素（图3－1）是基于Muisner(1994)的生物心理社会模型图所绘制，将Hawkins和Fitzgitton归纳出的第四个因素“社会文化因素”细分为：社区因素、社会因素。

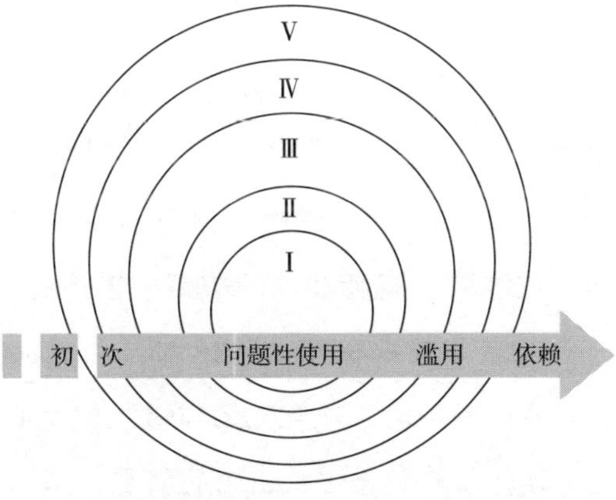

图3－1 成瘾的生理心理社会因素

（注：Ⅰ～Ⅴ依次为生物、心理、人际、社区及社会等因素。）

一、成瘾的生物学因素

生物学因素主要体现在成瘾之前个体遗传基因带来成瘾风险，以及使用瘾品或形成成瘾行为之后脑部化学物质的改变。

（一）成瘾的遗传因素

早在2000年前，希腊哲学家普鲁塔克就观察到酗酒会在一个家族内流传，所谓酒鬼一个接一个（one drunkard begets another）。医学界已经了解到成瘾会出现在同一家身上，许多有成瘾的人，家族中也曾面临同样的情况（图3-2）。成瘾者自身也观察到类似的情况，例如一位酒精成瘾者在他的故事中描述到：

图3-2　家族性成瘾（引自 *Genetics: No more addictive personality*，*NATURE*，*2015*）

父亲一直是我的偶像，什么事情都自觉不自觉地模仿他。父亲喝酒但不抽烟，每天晚上都喝，属于正常范围内，每天晚上睡觉闻着我爸呼吸出来的酒香，像烂苹果一样的味道，觉得很舒服。老想着自己快点长大，长大了我也能喝酒了，喝酒的男人才像男人。家族里面的男人都喜欢喝酒，但到目前为止，可能只有我是嗜酒者。如果追溯到我爷爷那，他老人家喝酒有些不正常，在二十世纪五六十年代物资极度缺乏，家里没米，老人家也会让我爸去赊点酒回来。由于爷爷50岁就去世了，加上那个年代的物质条件有限，嗜酒症状没有过多显现出来。

但是这么久来，人们还是无法确定，究竟如引文中这种家族性成瘾是来自遗传，还是由环境中某些因素造成的？以引文中的成瘾者为例，他的成瘾是来自他父亲遗传给他的基因？而他父亲的成瘾又因为他爷爷的基因遗传呢？还是因为后天他视父亲为偶像，凡事都模仿，包括酗酒？目前我们还没有明确的答案，研究只能知道成瘾在某个程度上是有遗传性的。一个人可能在先天上具有成瘾的倾向，这种状况就像某些人生下来就容易得心脏病一样，不过并非直接遗传成瘾，只是比较容易发生而已。

美国国家药物滥用研究所基础神经科学与行为研究科主任Joni Rutter教授认为药物成瘾的风险有40%~60%来自基因遗传。根据研究数据，美国国家酒精滥用和酒精中毒研究机构主任George Koob教授说酒精成瘾者的孩子酗酒成瘾的概率比普通人群要高出3~5倍，即使他们的孩子由不酗酒的父母领养，成瘾的风险依然如此高。这似乎显示成瘾会从上一代传给下一代。以上这些数据似乎显示遗传基因在成瘾中扮演了重要的角色。

既然遗传基因与成瘾有如此密切的联系，科学家开始致力于找出引发成瘾的特定基因。不同的研究找到不同的答案，但是至今尚未没有发现任何一个基因，足以持续导致全家族都成瘾。许多专家相信，特定基因会在一个家庭中引发部分成员的成瘾，但对其他家人则没有影响；而且，成瘾可能与众多的基因有关，其中受关注较多的基因包括多巴胺受体D2亚型基因、5-羟色胺转运体基因连锁多态区 (5-HTT gene-linked polymorphic region, 5-HTTLPR)基因和单胺氧化酶 A 串联重复序列(monoamine oxidase A variable nucleotide tandem repeat, MAOA-VNTR) 基因。

（1）多巴胺受体D2亚型基因

多巴胺受体D2亚型基因有两种型态，分别为A1和A2。研究显示，相对于A2，携带A1的人更容易对酒精、可卡因、尼古丁、网络游戏或赌博上瘾。而且，成瘾者人群中，携带A1的人要比A2的人受成瘾的影响更大，例如成瘾的年龄更小，成瘾程度更严重，戒瘾的难度更大。

（2）5-HTTLPR基因

5-HTTLPR基因也存在两种类型：一种比较长，代称为L等位基因；另一种比较短，代称为S等位基因。不少研究证据支持，携带S等位基因的人更容易发生各种药物成瘾及行为成瘾，例如酒精成瘾、尼古丁成瘾、赌博成瘾。但也有研究结果并不支持这一观点，例如研究学者Devor, Magee, Dill-Devor, Gabel和Black (1999)对21名购物成瘾患者进行了研究，并未发现 5-HTTLPR 基因与成瘾症状之间存在有关联。

（3）MAOA-VNTR基因

MAOA-VNTR 基因主要有 3R、4R型，其中4R活性较高，而3R活性较低，使得 MAOA合成减少，造成单胺类神经递质浓度增高，导致个体对压力的反应增强、易发生药物成瘾等后果。在赌博成瘾者中，出现3R型MAOA-VNTR 基因的概率要显著高于正常对照组，其比率分别为44.9%和32.6%。也就是说赌博成瘾者中有更多的人携带3R型MAOA-VNTR 基因。在酒精成瘾者人群也有类似的发现。

以上所列举的这三个基因仅仅是目前成瘾研究领域关注较多的基因，还有其他相关的基因并没有在此进行说明，即使找出这些基因，科学家们也只是发现它们与成瘾有关系，但是到目前为止，还无法证实任何一个基因与成瘾的发生有绝对的关系，而且适用于所有的人。唯一能肯定的是，成瘾确实在很大程度上受遗传基因影响。

即便你遗传了某个容易发生成瘾的基因，也并不代表你就一定会患上某种成瘾疾病。根据前文提到的40%~60%成瘾遗传风险，成瘾约50%的机会是由先天基因决定，那还有约50%的机会则是受后天因素影响。

（二）成瘾对大脑奖赏系统的劫持与改变

金钱、爱情、名誉、地位、美食、运动等是我们每个人孜孜不倦地去追求的东西，因为它们会带给我们快乐与幸福，而这些行为之所以会成为快乐源，归根结底是因为它们激活了我们大脑中小小的“愉悦回路”。同样，各种各样的成瘾行为激活的也是该回路，所不同的是，相比于辛苦经营的工作或爱情，一杯咖啡、一壶酒、一根烟、一克冰毒或一部色情片，激活大脑中的“愉悦回路”的速度更快，程度更强，从而让人更快速地获得更高强度的快乐，这也是这些东西具有致命诱惑力的关键所在。若你长期毫无节制地、自我放任地依靠这些活动来获得快乐，那么无疑你将成为瘾君子中的一位。

大脑中的“愉悦回路”主要位于名为“内侧前脑束”的区域，该区域中存在着腹侧被盖区、基底核、伏隔核、丘脑、杏仁核、海马等重要结构。这些结构在成瘾的不同阶段所起的作用各有侧重，详细描述见下文。总体而言，在成瘾初期，主要发生变化的是“愉悦回路”功能，例如冰毒、可待因、止咳水、赌博等成瘾活动，过度刺激腹侧被盖区，产生超过正常量的多巴胺神经递质，使人处于一种狂欢状态，实际上是一种多巴胺中毒效应。随着成瘾时间的延长，该区域的结构也会产生相应的改变，例如伏隔核的多巴胺受体减少，在功能性磁共振成像（fMRI）中，显示的是该区域体积萎缩。简而言之，在一个人逐步上瘾的过程中，大脑也在随之改变，逐渐成为一个成瘾大脑，有科学家形象地称之为“被成瘾劫持的大脑”。

接下来，我们引用发表在权威杂志*Nature*有关成瘾的最新科研成果，将成瘾描述为包含三个阶段（狂欢/中毒、戒断/负性情绪、沉溺/预期）的循环圈（见图3-3），在这个成瘾循环中，以上三环一环扣一环，越来越激烈，直至发展为病理状态——成瘾。

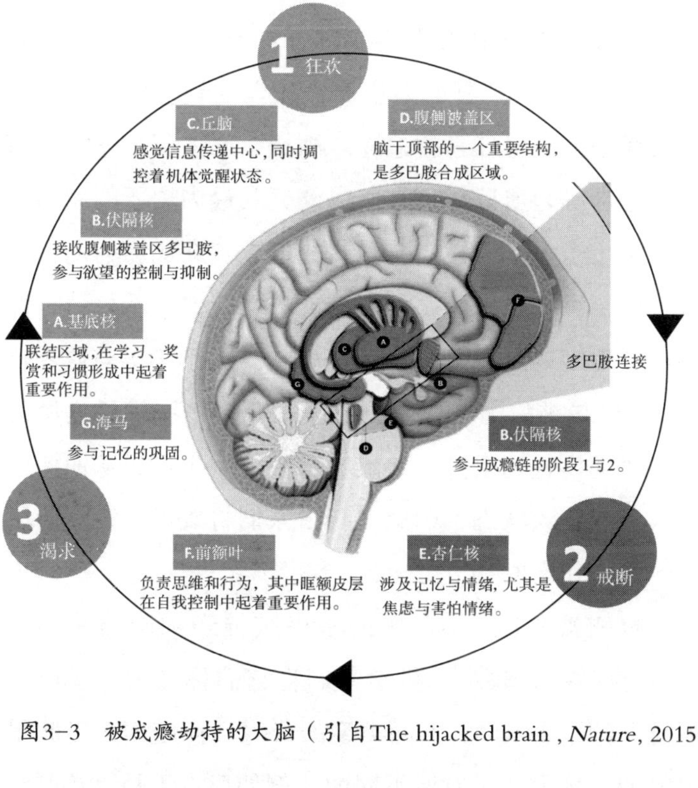

图3-3　被成瘾劫持的大脑（引自The hijacked brain , *Nature*, 2015）

不管哪种类型的成瘾都会在成瘾循环中找到相应的位置。只是可能对于某个特定的成瘾来说，成瘾循环中的某个阶段会显得更为突出一些。例如，狂欢/中毒阶段在兴奋性成瘾物质中更为凸显，而在尼古丁成瘾中所起的作用就小很多，更多的是沉溺/预期阶段的渴求起着重要作用，而在阿片类成瘾中，戒断/负性情绪阶段更为突出，尤其是强烈的身体戒断反应驱使着当事人不停地去寻找药物。

阶段1：狂欢/中毒

正如精神科医生罗纳尔德·西格尔（Ronald K. Siegel）所言：狂喜的力量非常强大且具有持久性，人的天性中就有对狂喜的追逐。酒精、尼古丁、冰毒、赌博、色情等之所以导致人们成瘾，其最为主要的原因是它们满足了人们天性中对狂欢的追求。在成瘾初期，当事人使用酒精、大麻之类瘾品或进行赌博或看色情，都会不同程度地激活图3-3中的腹侧被盖区（D）与伏隔核（B），使得被称为“快乐物质”——多巴胺神经递质的量在短期内快速上升，造成大脑多巴胺中毒，从而使当事人进入狂欢状态。因此，科学家们将成瘾的第一阶段命名为：狂欢/中毒。

腹侧被盖区（D）中的多巴胺神经细胞与伏隔核（B）的存在有联系，科学家们将它们称之为“多巴胺系统”（见图3-4）。不同类型的成瘾，使脑内多巴胺量上升的具体方式是有所不同的，例如尼古丁是直接刺激多巴胺神经活性，可卡因则是阻止突触中多巴胺的清除（具体见图3-4中的注释部分）。

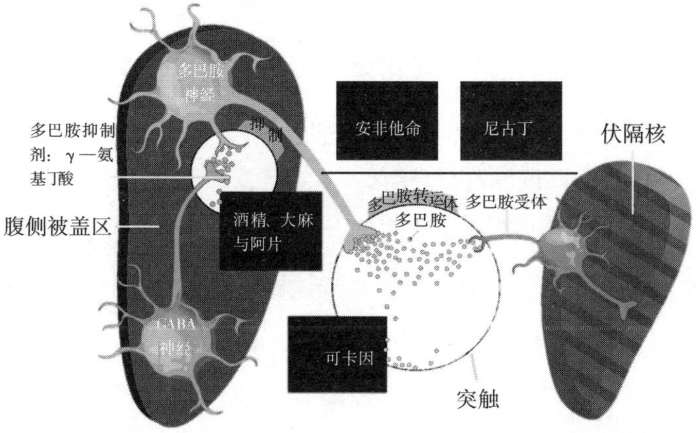

图3-4　多巴胺系统（引自The hijacked brain , *Nature*, 2015）

注：①酒精、大麻与阿片类物质主要是降低GABA神经与其他抑制性神经的活性，从而使得多巴胺神经活性增加；②安非他命：直接刺激多巴胺转运效率；③尼古丁：直接刺激多巴胺神经活性；④可卡因：阻止突触中多巴胺的清除，从而保持持续的欣快体验。

不用类型的成瘾都会激活图3-4显示的多巴胺系统，分泌多巴胺，但它们激活的程度是存在差异的，同时具体激活的途径也是有所区别的，再加上当事人使用瘾品时的心理状态和对其心理预期的不同，因而具体体验到正性体验是不同的。有人将它形容为“贯穿全身的暖流”，有人会感受到“轻飘飘的”，有的则感受到“强烈的性快感”，又或是“很嗨”等。

在该阶段，当事人之所以一而再再而三地发生成瘾活动，主要动机就是为了获得以上这些愉悦的感受。由于成瘾所带来的愉悦程度往往超出日常生活中其他活动所带来的，因而当事人在追求成瘾过程的愉悦体验时常变得很冲动，会不计后果。人们又将这个过程称为正强化。可以说，正是正强化使得当事人某次偶然接触发展为长期的、频繁的、有规律的冲动性行为。

阶段2：戒断/负性情感

戒断/负性情感阶段是指当事人在戒断时开始出现各种负性情绪，包括全身乏力，烦躁不安，述情障碍（难以用语言描述自己糟糕的状态），慢性烦躁，身体上的痛苦，情绪上的痛苦，睡眠障碍，以及对追求自然奖励（如金钱、美食、爱情等）的动机减弱甚至缺乏。

之所以会产生以上各种负性反应，主要原因是跟长期反复的成瘾活动对伏隔核（B）与杏仁核（E）造成的改变有关。杏仁核是情绪（尤其是焦虑和害怕情绪）产生、识别以及调节中心，当该结构因当事人频繁的成瘾活动发生改变，从而调节焦虑、恐惧等负性情绪的能力受损时，当事人会感到莫名的烦躁不安，浑身不适，而又无法用语言描述自己到底是怎么不舒服。伏隔核原本含有大量接收腹侧被盖区多巴胺受体（见图3-3），但是长期使用瘾品或沉迷成瘾行为，会使伏隔核（B）处多巴胺受体减少，使得获得奖赏的门槛提高，对于成瘾物质或活动而言，就需要更频繁更高剂量的瘾品或更刺激的成瘾行为，才能获得想要的愉悦感（即耐受性），而对于平日生活中金钱、美食、赞扬、性爱等自然奖励，当事人变得很难从这些活动获得以往的快乐，因而失去了追求它们的动机。整个人除了成瘾，对于其他很多事情都是无所谓。

为了避免戒断时的各种厌恶的负性反应，当事人不得不再次寻求止咳水、酒精等瘾品或观看色情等成瘾行为，这一过程又称为负强化。负强化是驱动成瘾继续向前发展的主要机制。同时，正是因为负强化，当事人的行为变得强迫性，即他已经意识到了成瘾给自己带来各种危害，也想停止，但是由于负强化的驱动作用，他不得不继续成瘾行为。

综合前一阶段——狂欢/中毒中的正强化来看，打一个比喻来说，正强化就是兔子前边的不停晃动的美味胡萝卜，而负强化就是兔子后边不断挥动着的大棒，最初为了鲜美的胡萝卜，不管不顾地往前奔跑，兔子变成了冲动的兔子。后来，兔子即使不想要胡萝卜了，但是后边的大棒逼得它不得不继续往前走，这时兔子变成了强迫的兔子。成瘾者就是这个比喻中的兔子，未碰瘾品之前，是一个自由的人；接触成瘾物质体验到它带来的欣快感后，当事人变成了一个冲动的人；再后来，成瘾改变了大脑原有结构及功能，负性情绪及难受的身体反应出现，当事人就变成了一个强迫的人。

阶段3：渴求/失控

该阶段最显著的特征是成瘾者出现频繁而强烈的心理渴求，以及随之而来的失控的自毁行为。心理渴求的频繁出现主要跟图3-3中海马（G）成瘾记忆形成有关，成瘾神经生物学委员会主任George F Koob教授认为成瘾对大脑的改变存在两种形式，其中最为重要的一种就是成瘾经验在大脑中（主要是海马）形成的记忆痕迹（简称成瘾记忆），它是区分成瘾大脑与非成瘾的关键。色情成瘾者回想起某次观看色情片的愉快体验，就会激发强烈的心理渴求。若加上成瘾者预期到通过某种方式自己能够再体验一把，那么这种心理渴求的程度更为强烈。这种现象我们在第一篇中有详细介绍，在此不再赘述。

是不是所有心理渴求都必定导致成瘾行为呢？当然不是！有些人的心理渴求很容易就引发了后续的自毁式的成瘾行为，有些人则不是，即使出现心理渴求，也没有出现后续的成瘾行为。具体到某个成瘾者而言，有些时候的心理渴求会导致成瘾行为，有些时候则不会。为什么会存在这些差异呢？原因在于心理渴求是否会导致成瘾行为还受到另外一个重要的因素影响，这个因素就是当事人的自我控制能力。这种能力主要跟图3-3中前额叶（F）有关，该结构主要功能是负责思维、计划以及行为，尤其是眶额叶在自我控制中起着重要作用。比较悲剧的是，长期的成瘾行为往往会损害前额叶区，所以大多数成瘾者的风险识别能力以及自我控制能力都大大减弱。直白地说，在正常情况下，这些脑区告诉你哪些事物是可能有害的，需要尽快远离这些事物。但是一旦你是酒精成瘾者，这些脑区就会告诉你再喝一点吧，没有关系的。

二、成瘾的心理因素

（一）不存在所谓的成瘾性格

讲到成瘾的心理因素，很多人自然而然地想到成瘾者的性格不好和意志薄弱，用老百姓的话说就是这个人的品性不好，不仅仅是不了解成瘾者的外人有这样的偏见与刻板印象，很多成瘾者的家人也会有这样的看法，他们要么痛心疾首，要么疾言厉色，对成瘾者说“你再不改改你的品性，你这辈子就毁了”。将成瘾归因到当事人的性格不好和意志薄弱，除了给他们添加额外的精神压力之外，对于真正解决问题毫无帮助，甚至恶化问题。

世界权威期刊《Nature》在2015年6月刊登了一篇文章，特意澄清了成瘾与性格之间的关系，文中阐述到：所谓的成瘾性格并不存在。文中还进一步阐述了成瘾与人格障碍的关系，尤其是反社会人格障碍——不诚实、操控、冷漠和常伴有违法行为。看着这些形容词，如果你身边有成瘾者，尤其有毒品成瘾的人，你可能点头如捣蒜“对，他就是这样的人”。但此时如果再进一步想一个问题——成瘾前他是这样的人吗？这时，你可能就会摇头了。是的，成瘾之前他跟我们普通人没有什么区别。只是后来，他被成瘾控制了之后，为了能够继续吸一口，又或者再买一件衣服，又或者再赌一次，不得不通过撒谎甚至违法地去偷抢，获得金钱。虽然成瘾者的表现跟反社会人格障碍相似，但他们本质是不同的，前者只是受成瘾影响下的一种行为表现，后者则是日积月累慢慢形成的一种性格。

回到《Nature》杂志的那篇文章，文中用列举数据说明成瘾的真正原因并不是反社会人格障碍。一项大规模流行病学调查发现成瘾者人群仅有18%的人是反社会人格障碍，这就说明大部分成瘾的人并没有发展成为反社会人格障碍，而且大部分反社会人格障碍者也没有上瘾问题。

（二）痛苦情绪是导致成瘾的关键

1. 痛苦情绪真的是导致成瘾的关键吗

关于成瘾的心理原因，众说纷纭，有人说是好奇心，有人说是冲动，有人说是来自同伴的心理压力，有人说是错误的认知又或是无知。我们不否认这些因素对成瘾的影响，例如好奇心可能让当事人接触毒品，但是在绝大多数情况下，仅有好奇心是不会导致他上瘾的。例如在根据美国作家吉姆·卡罗（Jim Carroll，1949-2009）自传拍成的同名电影《篮球日记》中，吉姆、佩德、米奇与纽琼哥们四个最初都接触了毒品，但是纽琼选择了篮球，并没有像吉姆他们一样继续深陷入自毁成瘾深渊。因为绝大部分的成瘾不是一朝一夕形成的，而是日积月累的结果。即使是成瘾性最强的海洛因，对它上瘾也是需要数月，很少一次两次就上瘾了。

那么导致成瘾的关键心理因素是什么呢？在回答这个问题前，我们先来看一个真实的案例，国内娱乐圈中第一位被公开曝光的曾经吸毒成瘾的歌手罗琦的故事。

罗琦：无助让我沉沦

国内娱乐圈中第一位被公开曝光的吸毒者——罗琦，16岁只身闯入北京摇滚圈，成为指南针乐队的主唱，被誉为“中国摇滚第一女声”，20岁开始吸食毒品，22岁因为在机场转机时毒瘾发作，失去理性的罗琦不管不顾地拦下一辆出租车，央求司机带去买海洛因，结果被送去了派出所，而后到强制戒毒所开始戒毒。

二十多岁本就是人生中最美好的青春年华，那时候的罗琦不仅处在最美好的青春年华中，还凭借着他人羡慕的独特嗓音，年纪轻轻就成为流行乐坛的风云人物之一。这样的罗琦会有什么原因，让她走上成瘾之路呢？有人说是好奇贪玩；有人说是同一圈子朋友的诱惑与影响，他们都在吸，自己不吸就融不进去；有人说是为了灵感等。2014年，戒瘾十多年，已是一位宝宝的妈妈的罗琦，在《杨澜访谈录》中，对于以上这些看似成立的原因，都淡然地摇着头说：“我觉得可能在最开始是这么想的，但是如果在最后，用这个来作为借口的话，我觉得那都是给自己在开脱。”

那么回到罗琦，真正让她成瘾的心理原因是什么？以下摘自她在2014年9月21日播出的《杨澜访谈录》中与主持人的对话，道出了其中的原因：坚强独立背后，那份难以排解的孤独、无助与绝望。

主持人：在那个时候会觉得缺少爱和关怀吗？

罗琦：一定会有的，所以会形成直接的个性里面一些缺陷的存在吧。

主持人：在那个年龄段，有没有一些什么样的事，或者是场景下，你会觉得你特别需要一种爱与陪伴？

罗琦：我觉得特别明显的例子可能就是在最无助的那几次大的事件吧，比如说这个眼睛的意外，还有就是自己曾经做过的最大的一件事，那个时候就是感觉自己特别的绝望无助吧。

主持人：那时候没有自己的母亲在身边能够给予你这种指导吗？

罗琦：没有。

主持人：靠什么呢？

罗琦：靠自己呀……但是也只能自己把自己带回来。

那时候的罗琦，展现给外人看的永远都是坚强与独立的形象。1993年年仅18岁的罗琦遭遇她人生中“最无助的那几次大的事件”中的一件，在一个朋友的聚会上与人发生了冲突，她的左眼被对方用半截啤酒瓶刺穿了。刚做完手术的她，看着那颗摘下来的眼球，平静地让护士把它泡在一个装着福尔马林的矿泉水瓶子里，放在病床旁的桌子上，因为妈妈说过“身体上的东西，是不能丢掉的”。看到从大老远赶过来的妈妈与伤心难过的朋友们，她依然表现平静，一个劲地安慰妈妈，还潇洒地大声吆喝：“哥儿几个，带我妈妈吃饭去！”出院前，医生警告过她，不能上飞机，不能用力唱歌，否则义眼就会爆出来或飞出去，她笑着反问医生：“用厚厚的纱布盖着压着，它不就会乖乖地待在我眼窝里了？”出院后不久，她就若无其事地再次跳上舞台放声高歌，身边的朋友们除了惊讶就是欣慰，甚至后来拿她的眼睛开玩笑。

罗琦的这份坚强与独立并不是在左眼被刺伤时才出现，早在11岁父母离婚时，在被老师视为“问题少女”时，在被校长勒令退学时，在妈妈强迫下进厂缝袖子时，在背着妈妈逃离服装厂和小伙伴们组建乐队时，在她只身闯荡北京时，就已经学会了用表面的坚强和独立来掩盖内心的无助与悲伤。她不是感受不到痛苦、无助，只是对她而言，这个世界没有她的一点依靠，也没有人能够拥抱她给她安慰，她只能选择独自面对，只能选择坚强来武装自己。她用穿透力惊人的嗓音演绎的《选择坚强》正是她既坚强又脆弱的写照：“灾难穿透了无助的眼”“没有谁谁谁谁留下一句话，这世界已没有我一点依靠”“我只有选择坚强来拯救我自己”。

然后她的“坚强”并没有真正拯救自己，反而因为这份“坚强”阻碍了她去直面她内心的无助与脆弱，阻碍了她在外界继续寻找依靠来消解内心的孤独。因此，她的坚强和脆弱并不是此消彼长的关系，不是坚强多了，脆弱就少了，而是互为增长，外表有多坚强多独立，内心就多脆弱多无助。例如1995年，在受邀来到上海参加某电视台的晚会时，导演上下打量了罗琦后说：“你的形象有问题，还是别参加了。”她嘴上说“没关系”，但沮丧和打击却如乌云般袭上心头。乌云般的沮丧与打击再也无法靠往日的坚强与独立来压抑，但是内心在暗地里逐日滋长的无助、恐惧以及孤独如洪水般向她袭来，这时候的她在朋友的影响下，尝试了一次毒品，发现它能将那些痛苦情绪冲洗掉，给自己带来舒适与宁静，于是一发不可收拾。即使明明知道是饮鸩止渴，也无法停止向毒品靠近的步伐，最终毒品上瘾了。

从歌手罗琦的过去成瘾经历中，我们可以很清晰地看到，焦虑、害怕、孤独等这些剪不断理还乱的痛苦情绪，才是推动她一步一步上瘾的关键心理原因。如果你看过电影《吉娅》，对于这些痛苦情绪与成瘾之间的关系将会有更为深刻的印象。《吉娅》是根据二十世纪七十年代末、八十年代初期美国名模吉娅·雅卡兰的经历拍摄而成的，主人公外在喜怒无常，情绪不定，前一刻对人柔情似水，顷刻间对人拳打脚踢，恨不得将人撕成碎片，因此她与人的关系常常是疾风暴雨般。内心混乱而空虚，对被抛弃的恐惧像影子一样一刻不离地跟着她，因此她经常在依赖的恐惧和无底洞一样的需求之间挣扎，在绝望中，想要靠近，但是恐惧和愤怒又使她退缩，最终她自毁于毒品成瘾。

一位很有觉察力的作者在他的著作《上瘾》中写道：“不过是性瘾，酒瘾，爱一个人成瘾等，其实都是源自于内心不可触及的痛，我们每个人都发现，却又狠狠地包裹着他，无法自拔。”正如这位观察敏锐的作者所言，大多数情况下，无论是你的还是他的成瘾，无论是行为成瘾（如网络游戏成瘾、赌博成瘾）还是物质成瘾（如甜食成瘾、毒品成瘾），背后的心理根源都是令人难以忍受的、深层的痛苦情绪，可以说，每一种成瘾都是当事人在这些痛苦情绪面前，采用自我逃避与放任的具体表现，是他们用来抚慰这些痛苦情绪的一种方式（见图3–5）。

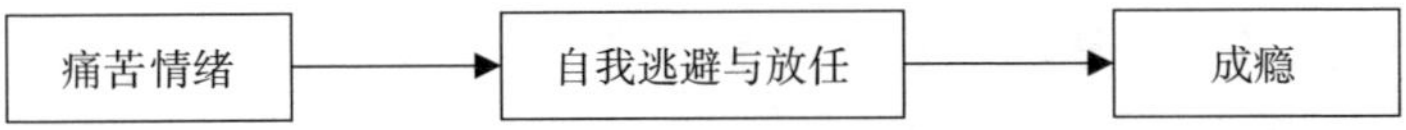

图3–5 成瘾的关键心理原因

例如在很多性成瘾者中，他们用性爱来填补自己内心的孤独和空虚。电影《羞耻》对此作了很好地反映，它的主题思想是：性的上瘾只是外壳，孤独的灵魂才是内核。主角布兰登一次次跟妓女、酒吧里的女人、地铁上的女人甚至男人发生肉体关系，背后的驱动力是他内心深似海的孤独，性爱是他用来短暂地消解寂寞与孤独的解药。一些吸烟成瘾的人向他人描述自己的原因时，他们常会说到“我觉得它就像个伙伴，有它陪伴着，填补内心的空虚感。”

还有的人用酒精、药物、赌博、游戏来逃离无聊，一位从初中就开始迷恋电脑游戏的大学生，他是这样描述自己的成瘾问题的：“为什么会对游戏上瘾呢？是因为喜欢吗？不是。我无聊，除了游戏，真的不知道有大段的空闲时间可以做什么，我从小就是受到了母亲的‘应该式’教育，你应该上补习班，你应该去学小提琴，可是他们没有问过我，我究竟喜欢什么。我也不知道怎么办，所以就只能玩游戏。”

2. 这些痛苦情绪一般来源于哪里

那些难以忍受、难以排遣的痛苦情绪往往来源于我们最深层次的利害关系和最重要的人际关系，其与成瘾的关系可以从以下几方面来理解。

其一，亲密关系的丧失会给人带来沉重的悲伤。例如，传记《走出荒野》的作者谢莉尔·斯瑞德之所以身陷毒品成瘾和滥交，是因为她母亲患癌症离世所带的痛苦，与此相似的还有《篮球日记》中的吉姆，他在毒品成瘾中自我放任的重要原因是最好朋友鲍比患白血病去世而承受的打击。

其二，亲密关系中的长期不良冲突将给人带来无尽的烦恼。例如，《蕾切尔的婚礼》中的凯姆，她之所以难以摆脱药物成瘾的重要原因，是她长期承受来自与父亲、母亲、姐姐以及去世的弟弟之间错综复杂的关系带来的精神负担。她既无法捋顺这些关系，也无法脱离这些关系，只能相互纠缠与牵扯，也相互折磨。

其三，亲密关系的无法建立，将会带来深深的孤独感与疏离感。例如，《羞耻》中性成瘾者布兰登，他强烈的孤独感来自于他无法与在乎的人建立稳定的关系。

最后，还需要特别申明的是：尽管我们认为痛苦的情绪是导致成瘾的关键心理因素，但是痛苦情绪并不是直接导致你上瘾，痛苦情绪与成瘾之间还隔着一个重要因素，那就是你的选择。确切地说，成瘾是你在面对痛苦时的一种自我放任，或者说是你选择的一种活法。

三、成瘾的人际及社会文化因素

“瘾”的发展，除了生理和心理层面的“星星之火”以外，还离不开人际和社会文化环境的“助燃”作用。下面我们将从家庭环境、同辈人际关系和社会文化三方面做进一步的理解。

（一）家庭环境

相关研究大多指出父母及其他家庭成员通过不同的方式影响着当事人成瘾的发展。首先，父母是孩子的楷模，孩子们以父母的行为举止作为社会的道德规范，因此父母对于成瘾物质或行为、成瘾消费等的看法和态度也影响着孩子的态度；其次，研究表明，父母及兄弟姐妹的成瘾经验会大大增加当事人成瘾的风险；再者，来自贫穷、父母离异、存在代沟问题和家庭气氛不和谐家庭的当事人，由于缺乏父母关爱或受到情感上的忽视或身体虐待，成瘾的动机与机会也较大。

（二）同辈人际关系

当事人尤其是青少年的同辈关系可以说是青少年的第二个家庭，第二个促进当事人发展改变的环境。和成瘾有关的同辈关系因素可分为两类：①同辈危机（排斥、背叛及结束的危机）；②功能不良的同辈团体（有成瘾习惯的同辈团体）。事实上，朋友在协助成瘾者获取成瘾药物中扮演着极为重要的角色，成瘾者常从他们的朋友那获知使用毒品的方法。高金桂（1984）的研究指出，同辈团体在青少年药物成瘾中起着举足轻重的作用，例如他们：①提供初次所使用的药物；②提供药物来源给新的药物使用者；③提供药物使用方法；④使初次使用药物者对药物产生心理上的期待，提高药物的效果。朋友圈与成瘾的关系在吸食大麻的人群中最为密切，Kandel和Andrews的研究表明，父母的态度的影响在孩子使用成瘾物质初期超过了同辈，而在以后使用的过程中同辈人的影响逐渐明显。

（三）社会文化环境

除了当事人的人际环境以外，成瘾的发展在一定程度上也会受到外在社会环境的影响，包括学校、社区环境、政府机构以及社会文化环境如法律规范、社会舆论和文化传媒等。

以青少年网络成瘾为例，已有多项研究显示，网络成瘾与学校因素关系密切，包括教育体制、教育内容、教育手段、教育评价、师生关系及同学关系等。目前我国的学校教育仍以应试教育为主，教学内容的设计也仅仅围绕各种知识和技能的灌输，缺乏对青少年社会化发展和心理素质方面的教育，导致青少年兴趣单一，学习压力大，容易使得青少年面对学习成绩下降时自暴自弃，将兴趣转移到网络游戏中。学校的网络素质教育也明显不足，只注重网络基础知识和基本技能的传授，而对青少年的网络行为缺乏必要的引导。另外，紧张的师生关系往往会使学生产生厌学情绪，并通过上网来逃避现实。当青少年发现自己的一些兴趣爱好在家庭和学校中不能得到满足时，便开始寻找朋辈的伙伴。研究发现，网瘾青少年的朋辈群体系统，多是由学习成绩较差且喜欢上网的所谓“差等生”或“不良青少年”所组成。

除了学校环境，从青少年生存的现实社会环境来看，我国社区建设还不完善，很多社区缺少体育活动场地、文化宫、图书馆等设施，各种为青少年服务的专业化组织尚未建立，很少能为青少年提供参与公益活动的机会。目前社会上从事互联网服务组织也存在一些问题，尽管国家出台了《中国公用计算机互联网国际联网管理办法》《互联网上网服务营业场所管理条例》，但执行力度明显不足。如虽然在很多网吧门口都能看到“未成年人禁止入内”的警示牌，但多数情况下这个警示牌起不到实际的作用，正如某一中学生所说的“我其实没有身份证，但是只要编一个身份证号就让进了……进到网吧，其实很多都是跟我一样的未成年人，所以如果严格起来，比如要求刷身份证信息，估计我进网吧的机会就小很多了。”在媒体文化的传播上，很多媒体过度宣传网络的功能，容易使得青少年盲目跟风，大部分青少年上网的主要目的并不是为了获取新闻或学习，而是为了娱乐、聊天和玩游戏，他们大多意识不到网络给他们带来的不良影响，甚至是成瘾。

以上我们以青少年网络成瘾为例，呈现了社会文化环境对成瘾发展的影响。事实上，影响的对象不仅仅是青少年群体，形式也不仅仅是网络成瘾，而是涉及各年龄段各种物质或行为成瘾的患者。社会环境与当事人自身、家庭及同辈等共同形成了一个生态系统，这一系统是否能成功地提供成瘾的初级、次级及三级预防是非常重要的。初级预防，包括一些组织的活动，目的在于防止当事人出现成瘾倾向及促进健康的生活方式；次级预防，即设计相关的计划以在物质滥用或过度行为早期阶段介入；三级预防，则是为了帮助有成瘾问题的人以及家庭获得痊愈，例如可通过发起AA（Alcoholics Anonymous）、NA（Narcotics Anonymous）及FA（Family Anonymous）集会，及建立个人、家庭与团体治疗的便利服务等方面来努力。

四、错综复杂的成瘾网络

上文分别从生理、心理、人际、社区以及社会因素探讨了成瘾的原因，但是在现实中，这些因素综合作用于当事人身上，才最终导致他们上瘾，而非单独某一个因素就足以解释一个人的上瘾问题。影响成瘾的各主要因素之间的关系错综复杂，在此我们借用Muisner（1994）的比喻，以着火的苹果树来表示成瘾背后各影响因素之间的关系（见图3-6）。

成长中的青少年就像是果园中的苹果树正处于开花结果的时期。火就像是有毒的药物一般，是小树的掠夺者。火的起源，不管是火柴或是热摩擦或是其他，是不易清楚界定的。无论这棵树如何反抗或屈服于火苗，都部分反映出其整体的可燃性（可类比于当事人的内在心理状况）。树本身木材的内生特质（可类比于成瘾的生物因素）与火的旺盛与否有关。而在苹果树旁的树群（相当于当事人的家庭及同辈等人际环境）会使火持续燃烧，就如家庭与同辈会使当事人继续其药物的使用一样。果园内外更大的环境如气候及其天气状况，能促使或组织树的燃烧，就如社区与社会因素可使当事人继续其药物使用。

图3-6　成瘾各影响因素之间的关系

从成瘾纵向的发展轨迹来看，各个影响因素在每个阶段所发挥的作用的重要性和比重是不一样的（见图3-7）。在上瘾初期，主要是社会因素起主导作用，尤其对于毒品成瘾来说，例如属于社会因素中的同辈关系为当事人制造初次使用药物的条件，包括主动提供药物及其使用方法以及使用药物效果的心理期待，更为重要的是还提供了使用药物的鼓励团体氛围。另外，还有媒体、学校等系统对成瘾知识的宣传，有很多当事人对于成瘾知识的了解几乎是零，曾有毒品成瘾经历的罗琦在接受《杨澜访谈录》说，在第一次接触毒品之前，自己对于毒品成瘾毫无了解。在我们的临床经验中，有很多来接受治疗的止咳水成瘾患者，都表示最开始完全不知道在正规药店里卖的止咳水也会上瘾。

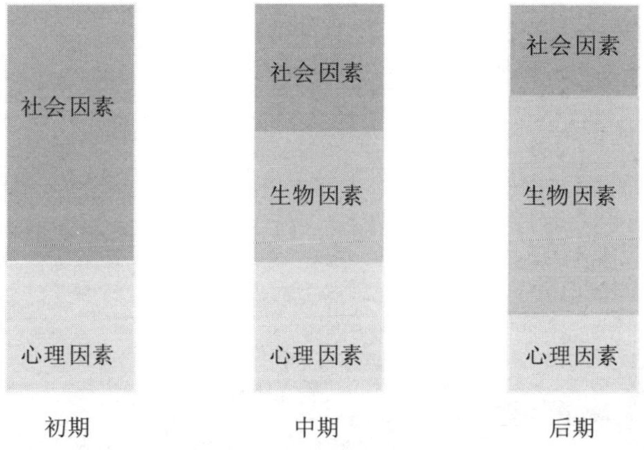

图3-7　各影响因素在成瘾发展轨迹中所占的比重

在上瘾后期，生理因素则起了主导作用，因为长期的成瘾对大脑系统的功能与结构均产生了影响与改变，换句话说它已经适应了成瘾物质或行为，若哪一天没有了，反而不适应了，就会产生让人痛苦的戒断反应，例如阿片类成瘾，不同寻常地出汗、打寒战、腹泻、绞痛以及难以言明的浑身难受，让成瘾者一刻也离不开阿片类药物。即使戒断一段时间，身体上的可怕戒断反应消除了，还有更为阴魂不散的心理渴求时不时出现，甚至没有什么原因地冒出来，考验着你戒瘾的决心与毅力，稍有不慎，就会重蹈覆辙。

第四讲

走出成瘾荒野

一、戒瘾没那么简单

戒瘾到底有多难？马克·吐温曾经说过：戒烟是世界上最简单的事，我最少戒过三千次。看似开玩笑的一句话，却清楚地告诉了我们——戒瘾并没有想象中的那么容易。也许你听到一些人说“只要意志够强，肯定能戒掉”“只要我下决心戒，我就能戒掉”，这时即使有一个屡戒屡败的成瘾者站出来反驳，他还可能会轻蔑地说“我跟他们不一样，才不会像他们一样，我是说到做到的人”。在此，我们借用国内娱乐界被曝光药物成瘾者罗琦在2014年9月播出的《杨澜访谈录》中的一段话来回应：

“（那都是）胡说八道，（戒瘾）没有那么简单……从初次接触毒品，到不自觉地上瘾，当你想抽身的时候，你就开始了恶性循环，最后都是身体的反应打败了自己的意念，然后自己对自己的这种失望，把自己身心整个打击……无数次地下狠心，在自己身体没有反应的时候，就跟自己说，我今天一定要把它戒了，比如说我把自己在家关一个星期，准备好安眠药，然后把门反锁，反正各种都尝试过，最后都被身体的这个瘾所打败了，当身体的这种痛苦持续一两天之后，那时候你的脑子已经不受自己所掌握了，你唯一想的就是，不管用什么样的途径，都要让自己马上找到那个东西。”

如果你长期受到“瘾”，目前有种瘾的困扰，不需要谁来提醒，你也知道戒除瘾是件好事，可能你也早就想这样做了。当瘾带来的负面影响超过了它所能提供的快感时，多数深陷成瘾漩涡的人都会渴望从中逃离，下定决心戒瘾。戒瘾的决定意义重大，足以算是生活中的一个里程碑。它意味着更高的成熟和自律，也是一个人开始摆脱成瘾的起点；同时，这个决定也为个人敞开无成瘾生活的大门。但是，要真正治愈成瘾确实不是一件容易的事。无论是戒除香草味的冰淇淋、冷饮、香烟、网络游戏、色情之类的软成瘾，还是K粉、冰毒或是海洛因之类的硬成瘾，都不是一件轻轻松松就可以完成的事。

真心想要治愈成瘾的人，一定想要改善工作和生活状态，修复与家人的感情，捡回自己往日正直的人格，得到家人与社会的尊重。换句话说，就是想要重获生活的主控权。而我们在此强调戒瘾难，并不是要打击你戒瘾的决心，而是要给你打好预防针，不仅仅是要知道戒瘾难，还要清楚地了解难在何处，做好充分的心理准备以迎接即将面临的挑战。

1. 想戒又戒不了的痛苦

下定决心要戒瘾之后，你总是会悲哀地发现，要彻底放手真的很艰难。这绝对不是简单作出承诺、扔掉所有跟成瘾相关的物品（例如剩余的止咳水、色情片、香烟）或是暂时逃到一个没有成瘾物品的地方待上一年或两年，就可以解决的问题。即使你戒瘾的意愿非常真切，但想要继续进行成瘾行为或摄入成瘾物品的欲望同样也会很强。一般人戒瘾的初次尝试通常都是以失败告终，甚至有些人尝试很多次都没有戒掉，在我所工作的戒瘾机构，曾有一位止咳水成瘾患者已住院7次，还在戒瘾的路上。关于戒瘾的困难，只要涉及成瘾的书或影像资料都会有提及。弗雷得里克·沃尔夫顿在《戒瘾》中将自己戒烟的过程形容为去地狱走了一趟。色情成瘾专家温迪·马尔茨和拉瑞·马尔茨所著的《跳出色情陷阱》提到40岁的达勒医生，在尝试戒除色情瘾过程中遇到的重重困难。

“为了维护婚姻，我打算戒除色情瘾，当时我以为很容易。几天后的一天晚上上床睡觉时，我突然特别想看色情，那时候保证、承诺什么的抛到了脑后，我起床去开电脑。走了几步我就停在客厅里，想起自己做出的承诺。纠结几分钟以后，我想：承诺都去死吧！就径直走到电脑旁。后来我又改变了主意，走回卧室去睡觉。我犹豫不定，几个小时之内都在卧室和客厅之间不停地穿梭。那晚我还是没有看色情，但那个晚上就是一场噩梦。一周后，我就开始看色情了，那时我才意识到色情对我来说有多么重要，要彻底摆脱色情没有想象的那么容易。”

威廉·巴勒斯在《瘾君子》中对于戒瘾过程不厌其烦的细致描述，或许能让你体会戒又戒不了的痛苦与绝望。

“毒品带走一切，可除了给你带来毒瘾外，什么也给不了你。我时不时反省我到底对自己做了什么，然后决定戒毒。当你毒品充足时，戒毒看起来轻而易举。你说：“注射已经无法让我爽起来了，我还是戒掉算了。”可当你减少用毒，开始犯瘾时，就是另一回事了。

我在墨西哥吸毒的一年多里，曾有五次打算戒毒。我试过减少扎针，试过白粉溶液加温坡牌药品。每次你喝掉多少白粉溶液，就加入等量的温坡牌药品。十多天后，你就在喝纯的温坡牌滋补剂了，这一递减是如此缓慢，你压根不会注意到。

这就是中式疗法的理论，而实际情况通常是这样的：你开始比原定计划多喝上一些白粉溶液，也就意味着你要加入更多的温坡药，于是白粉溶液很快就稀释了。几天后，你不知道里面还剩多少白粉溶液，为保险起见索性喝光了。结果你的瘾比中式疗法更重。

……

在中式疗法惨败后，我把毒品分成小包，让老婆藏起来，然后按制定的计划表一点点发给我。我让艾克帮我分毒品，但他不精于计算，且制定的计划都是头重脚轻，一开始供应很多，然后突然就毫无递减地断毒了。所以我自己制定了计划。有一段时间，我遵守着计划，但我并没有真正的压力。我一边问艾克要毒品，一边为额外的注射找借口。

我明白我再也不想继续吸毒了。如果我只能下一个决心，本会希望再也别碰毒品了。但真要走上戒毒之路，我没有这个勇气。眼看自己打破了每一个亲自制定的计划，这让我有一种可怕的无助感，仿佛我对自己的行为没有丝毫控制能力。”

2. 野火春风式的复发循环

威廉·巴勒斯在文中描述的“一次次下决心戒掉，一次次眼看自己打破每一个亲自制定的计划”现象是很普遍的，大多戒瘾者都会经历“戒断—复发—戒断—复发”恶性循环，有人将它形象地描述为“野火春风式的复发循环”。在医疗机构接受专业治疗的止咳水成瘾患者吴某的描述，更为详细和完整地呈现了这种让人无助的“野火春风式的复发循环”。

当我在工作上感受到压力、不知所措时，我往往会想到了止咳水。我经常对自己承诺说，我只喝半瓶，但是从喝下第一口之后，一瓶、两瓶、三瓶就不知不觉下了肚子。每次喝完，就会发誓般地对自己说，这是最后一瓶，以后再也不喝了。由于在止咳水上浪费了很多时间和金钱，我真的非常恨自己。于是，我会自行戒一两个星期，但是戒断反应所带来的压力不停在内心滋长蔓延。若此时再碰上工作或家庭中不顺心事情，我便玩起了自欺欺人的心理游戏，在内心对自己说，再喝一次，一次不会对自己造成什么伤害的，谁也不知道我在喝。我能控制的，有时候比较自恋认为自己跟别的成瘾者不一样，他们不能自控，但是我能，最后又重蹈覆辙。这样反反复复，我感到自己陷入某个怪圈，越陷越深，越挣扎越累，直至无力挣扎。

我不指望家人和朋友会相信“我——要——戒——瘾”的老生常谈，因为我自己都没有底，不知道远方到底有没有成功戒瘾的希望。

一般而言，“野火春风式的复发循环”分为四个既不相同又相互衔接的阶段（表4–1）。开始阶段是我们将自己行为合理化的内心对话，这种内心对话是自我破坏的，为自己的成瘾行为寻找各种看似合理的借口，自欺式地认为自己的成瘾行为没有问题，或问题不大。在这种自我破坏式内心对话驱动下，又再次发生了成瘾行为（例如偷偷地喝了止咳水、玩网络游戏、赌博……）。接下来是一段时期的后悔，跟随这种后悔的是洗手不干的承诺。然后是，持续数日、数周或数月的禁欲（野火）。随着情绪或情感压力慢慢积蓄，合理化机制（春风）又偷偷地回到我们的心中，于是又触动了复发过程。

表4-1　野火春风式的复发循环的四个阶段

阶段	主要表现
阶段1：合理化	我们寻求各种看似合理的借口来蒙蔽自己，说服自己。我们常会将自己成瘾行为合理化为算不上什么问题，对成瘾行为造成的后果轻描淡写，或视而不见。我们常会这样对自己说“我这么努力工作，通过它（网络、酒精、烟、止咳水、K粉……）放松一下”“只是几分钟/一瓶/一根，不会有什么问题”“我对它没瘾”“我能控制它的量”“对它上瘾，总比对海洛因成瘾要好”“我还没有像我看到过得那些人那样糟糕”。
阶段2：悔恨	经历一番成瘾体验后，随之而来的是深深的懊悔。指责自己太没有毅力，意志力不够；对自己的行为感到负罪，觉得在荒废自己的人生；感到对不起家人，辜负了他们对自己的期望。
阶段3：禁欲	在这个阶段，我们会承诺再也不这么干了，开始实行健康的生活方式，勤奋地工作，逐步恢复往日的兴趣爱好，花时间与家人在一起，进行体育锻炼。
阶段4：复发	在充满压力或情绪波动的时期，我们对它（网络、酒精、烟、止咳水……）的渴求上升，想再玩一次、再抽一次或再喝一次的诱惑再度浮现，往日体验它时的美好感觉（放松、兴奋、欣快、宁静、舒服）萦绕在心间，而体验完之后的懊悔、愧疚的感觉抛之脑后。于是，自我合理化阶段启动，轻而易举地开始了新的循环。

二、获取戒瘾的动力

要打破戒瘾的“野火春风式的复发循环”，成功戒掉瘾，首先要破除两大障碍：第一大障碍是陷入了这种恶性循环所感受到的习得性无助，无助与绝望会一点一点侵蚀你戒瘾的主动性，最后可能会破罐子破摔，自暴自弃；第二大障碍是表4-1中的“合理化”心理，又有人称之为矛盾心理，矛盾是指内心存在着两种截然相反的想法：尽管你已经下定决心，但你内心仍然存在着动摇的声音。在要放弃某些曾让我们感到愉悦和满足的事物时，内心常会有这种矛盾心理。无助与绝望带来的自我放弃与矛盾心理是戒瘾的阻力，是导致戒瘾失败的重要影响因素。那么克服戒瘾的阻力，自然而然地就是要增加戒瘾的动力。阻力与动力就犹如心理天平的两端（见图4–1），若阻力与动力旗鼓相当，戒瘾者就会在戒与不戒之间犹豫挣扎，就犹如天平左右晃动摇摆。那么如何打破这种摇摆，使得天平向“戒”这端倾斜呢？答案显然就是增加动力这边的砝码。强烈而持久的内在动力是戒除成瘾习惯的前提条件，是戒瘾的稳固基石，抵制成瘾的诱惑，克服其中的艰难险阻，让康复步骤有序进行。

图4–1　戒瘾的心理天平

强烈而持久的动力来自哪里呢？来自你心中对戒掉的希望，来自你为自己康复负责的担当，来自你对何为人生之重了然于胸的睿智，来自你直视心中恐惧的勇气，来自你承认成瘾问题的诚实。

（一）看见希望

希望是一个很强大的动力源，也是唯一能与“野火春风式的复发循环”滋生出的无助与绝望抗衡的力量。哪怕能看到一丝微弱的希望，那么结果就会有所不同。就如同美国歌手R. Kelly在1996年为飞人迈克尔·乔丹（Michael Jordan）的电影《Space Jam》（太空大灌篮）演唱的歌曲《I Believe I Can Fly》：If I can see it, then I can do it（只要我能看见希望，我就能成功）。

正如马丁路德金所说“世界上一切要去做的事情都需要希望驱动”，也许有一天我们会失去所有，但都不能失去潘多拉魔盒里那最后的希望。在《少年Pi的奇幻漂流》电影中，在沉船后的海上漂流时光里少年pi挂在口边的是“最重要的就是不要失去希望”。正是心怀希望让他渡过接二连三的狂风暴雨，走出绝境与死亡幽谷。该电影的导演李安未出名前，日子过得凄惶，人往四十岁走了，除了孩子带得还不错外，其他几乎一事无成。唯一能和绝望抗衡的，就是寄希望于电影。

从事希望研究的学者Snyder(2000)认为希望具体包含两个层面的含义：一是相信未来是好的；二是相信自己能够采取行动实现这个好的未来。一个抱有希望的戒瘾者，他会相信自己能够戒掉瘾，重新获得一个自己想要的生活，也相信自己能够采取行动，让自己的相信变成现实。那么希望来源于哪里呢？奥斯维辛集中营的幸存者诺贝尔和平奖得主埃利·威塞尔（Elie Wiesel）告诉了我们答案：“就像绝望能够从一个人传递到另外的人，希望也只能通过他人来传播。”在戒瘾的过程中，最能传递希望给你的人，应当是那个同样经历成瘾的折磨后来成功戒掉的人。

谢莉尔·斯瑞德：从吸毒成瘾到人气畅销书作家

曾经的谢莉尔·斯瑞德，就如在她自传中描述的："生活一团糟，可谓跌倒了人生的谷底。每一天，我都感觉自己仿佛置身于深井之中，眼巴巴地抬头仰望……我这一辈子已经扮演过不少角色了：我既是个体贴的老婆，又是别人的第三者；我是妈妈的乖女儿，如今却在佳节时分形影相吊；我野心勃勃、争强好胜，是个志向高远的作家，却无奈在一个个卑微的职位之间来回切换，在毒品中醉生梦死，还和男人随意厮混。"

这样糟糕而绝望的生活持续了四年多的时间，在她失掉了本来就没拥有过多少的生活，自己感觉彻底成了这个世界多余的人的时候，丈夫终于忍受不了，也离开了她。她决定走出这段人生荒野，开启新的生活。是的，她做到了。

如今的谢莉尔·斯瑞德，是两个孩子的母亲，是3本畅销书——《火炬》《最美的小事》以及《走出荒野：从迷失到发现》的作者。第一本小说《火炬》入选美国五大湖区最佳图书奖，并被媒体选为太平洋西北地区作者年度十佳图书。《走出荒野：从迷失到发现》则是根据那段糟糕而痛苦的人生经历撰写的回忆录，此书登上了

《纽约时报》畅销书排行榜，现已被拍成同名电影（涉足荒野）（图4–2）。

图4–2　谢莉尔·斯瑞德 &《走出荒野》

吉姆·卡罗：从吸毒成瘾的街头小混混到出书成名的作家

吉姆·卡罗（Jim Carroll，1949–2009），美国作家、诗人、自传作者、音乐人，他最出名的是1978年出版的自传《篮球日记》（The Basketball Diaries），1995年，被拍为同名电影（中文又翻译为：边缘日记），由莱昂纳多·迪卡普里奥（Leonardo DiCaprio）主演。《篮球日记》是关于吉姆12岁到16岁的生活，详细记录了他从最开始怀揣梦想的俊朗少年，到沦为纽约街头海洛因成瘾的小混混，被妈妈亲手送进监狱的少年犯，最后到摆脱毒瘾，再次高高扬起头颅重新站起来的自信青年的全过程。

13岁左右的他，因为毒品成瘾失去了成为NBA球员的梦想，失去为自己骄傲的朋友，失去继续上学的机会，失去了作为人的最基本尊严，为了搞到毒品的钱，被大叔猥亵，被邻居唾弃，甚至在自己最害怕的时候，连自己的妈妈都不敢开门放自己进去，最后被送进了监狱。这时候的他，似乎失去了所有可以失去的东西，似乎真的到了一无所有，似乎他的未来一片黑暗。但是，作为自己生活的编剧，吉姆将这场“被黑暗笼罩的演出”设下一个时限，将它终结在16岁。他开始思考自己怎么活到今天的，自己究竟在乎什么，开始改写自己的人生。

图4-3　吉姆·卡罗 &《篮球日记》

从那时起，他不再碰毒品了，直到60岁因心脏病发作去世，即使在监狱——一个比街上更容易获得好货的地方；即使出来之后，以往的朋友佩德为他带来全曼哈顿最好的毒品。因为他有更重要的事——创作要做。17岁时完成了他的《篮球日记》(图4-3)，22岁时出版了3部著名诗集，并录制了4张专辑，他的创作一直持续到他去世为止，在他心脏病发作那刻，他还在书桌前写作。

罗琦：从吸毒歌手蜕变为摇滚妈妈

在一次朋友的生日聚会上，因为与人发生冲突，左眼被人用半截啤酒瓶刺穿。年仅18岁的罗琦一面不仅要承受失去左眼的痛苦，另一面还遭受因为形象问题而带来的不接纳与歧视。他外表看似坚强与云淡风轻，不需要他人的关怀，甚至反过来安慰别人；实际上内心柔软而脆弱，痛苦、难过、恐惧、愤怒、焦虑如乌云一般越积越厚，直至她承受不了。1995年，开始吸食毒品，很快就上瘾了。1998年的一天，在南京，毒瘾发作的她逼着出租车司机去卖海洛因的地方，反被司机带到派出所，而后被关进强制戒毒所，强制戒毒三个月。从强制戒毒所出来的罗琦，并没有完全摆脱毒瘾。

幸运的是，罗琦在朋友的帮助下，办理了出国手续，到了德国。德国对于成瘾者的态度是相对宽容的，就如罗琦在接受采访时说："在国内的有些人眼里，一个吸毒的人可能比一个杀人犯还要可恨，不会被人用平等的眼光去看待。在德国，大家觉得每个人都有犯错的时候，当谁犯错时，应该拉他一把，而不是把他推得更深。”与此同时，她还遇到真心关爱她、尊重她的老公Jan，借着Jan和美沙酮的帮助，戒掉了毒瘾。

2004年在Jan的陪同下，罗琦回国，重新拿起话筒登上舞台，演唱《随心所欲》：“为何不拥抱希望，让我寂寞双眼是星光，把内心变成天堂，永远对着自己呼唤，回来……回来……回来……回来……”2014年，升级为“摇滚妈妈”，有了宝宝的她变得更为有责任感和有规划性，世界从此不再孤独（图4-4）。

图4-4　罗琦：从吸毒歌手到摇滚妈妈

戒瘾很艰难，但是再怎么艰难，在你前头已经有人率先迈出了第一步，并成功戒掉瘾症。如果正在戒瘾的你，能从这些戒瘾的先行者身上看见希望，就达到我们花力气撰写本章的目的了。最后，附上脱口秀女王奥普拉（Oprah Winfirey,1954-）在面对人生中最黑暗的时刻，她最真诚的回应，“我最高的成就是，从来都没有关闭我的心门。即使是在我人生最黑暗的时刻——被人性侵犯、14岁就怀孕、谎言和背叛——我都保持着坚贞、充满希望、愿意看到人性的闪光点，不管他们是否正向我展示着他们最恶的一面。我一直都相信，不管攀登的过程有多艰难，总有方法能让一线光芒照亮前行的道路。”

（二）向死而生

面临死亡的经历或对死亡的思考，常常使人发生彻底的改变。从古至今的文学作品都对此有所描述，例如远一点有托尔斯泰的《伊凡·伊里奇之死》，伊凡原本是心胸狭窄的官僚，得了不治之症，意识到自己即将要死去之后，他发生了非常大的改变，原来的尖酸、傲慢和自我膨胀都消失了，变得平和，更为同理别人；近一点有北野武的《向死而生》和李开复的《向死而生——我修的死亡学分》，两人分别因为车祸和淋巴癌近距离地接近死亡，面临死亡的经历都令两人对他们的生活与工作进行重新安排。在成瘾者身上，我们也看到了类似的效应：因为与死神擦身而过的偶然经历，使得他们产生了戒瘾的强大动力。我曾经接待过一位止咳水成瘾患者，其在成瘾机构已经接受过3次治疗，都没有戒掉。某一天，他跟朋友在喝了超出往日量的止咳水后，驾车去玩，途中因为过量的止咳水导致驾车的朋友抽搐而发生了严重的车祸，他朋友当场死亡，他也受了重伤。这次车祸事故后，他开始认真对待止咳水问题，至此之后都没再碰过止咳水。

美国心理治疗大师欧文·亚龙在他的《存在心理治疗》中也提到类似的案例：

亚瑟是一位酗酒患者，一次面对死亡的不寻常经验成为他人生的转折点。他酗酒好多年了，他的酗酒情形每下愈况，接受过心理治疗，但他很少清醒认真地对待，因而也未获得什么疗效。有一次在团体心理治疗中，他因为酒精中毒而昏倒，躺在治疗椅上，大伙儿围着他，讨论该怎么办，最后决定把他带到医院。

幸运的是，团体治疗被录影下来了，亚瑟观看录影带，深深被震撼到了：有一种深刻面临死亡的感觉。多年来很多人都劝他不要再喝下去了，再喝的话，最后会喝死的，但直到看到录影带之前，他并没有真正想过自己会因为酗酒而死的可能性。录影带里，他直挺挺地躺在治疗椅上，其他成员们围着他的身体谈论他，这种情形就像一年前死于酗酒的孪生兄弟的葬礼一样。他第一次感觉死神离自己这么近，近到自己必须直面死亡。这也让他第一次真正意识到自己真的有可能因为酒精成瘾而死掉。他开始真正重视酗酒问题，认真地投入心理治疗，从而戒掉瘾。

1. 死亡是如何引发改变的

对死亡的觉察与思考是怎么引发一个人改变的呢？

对于戒瘾者而言，直视死亡是怎样引发戒瘾的巨大动力的呢？

（1）生命无法拖延，戒瘾不再是明天的事

你若有机会跟成瘾者交谈，就会发现不用你说服，他们都会自动说“戒瘾是一件重要的事”，但是你却迟迟看不到他们真正戒瘾的行动。为什么呢？因为他们都有戒瘾拖延，你总会听到他们说：“先喝这一瓶，明天再戒”“这是最后一根，明天不再抽了”，你很少听到是：“我从现在这一刻起，就不喝了”，甚至有不少患者下决心戒瘾，却在去成瘾机构接受治疗的前一刻，会要求再喝最后一次或再吸最后一次。在他们心里，总有一个又一个的明天，戒瘾总是明天的事情。

但是死亡让人了解到一个简单的事实：人只有这么一辈子，有起点有终点。从我们出生那一刻起，时间不停流逝，不曾停止过，中间并没有“休息时间”，只是不紧不慢地一步一步迈向死亡。每每想到这一个简单的却又常被人忽视的事实，常常给我们当头一棒：生命无法拖延。就如最近发生的人间悲剧——天津港“8·12”爆炸给我们的警示：重要的事赶紧去做，因为你永远都不知道，明天和意外哪个先来！

所以那些因为某次偶然的经历感受到死亡威胁的戒瘾者，都会感到一股紧迫感，不再将戒瘾拖延到明天或者未来的某一刻，他们会将戒瘾视为今天的一件重要事情，会将戒瘾当作当下就要去做的一件事。

（2）凸显人生的意义，明确戒瘾目的

深刻地意识到戒瘾对你的重要性，明确戒瘾的目的，你才会从内而外地生出巨大的动力去戒；否则就会像歌手陈楚生所演唱的《瘾》："他们说抽烟对身体不是太好，可是不抽的时候，我的身体更难受，我越来越不确定戒烟的目的，难道生老病死，就多了这一口"。即使周边的人都告诫烟瘾不好，自己也对它的不好深有体会，然而若没有戒烟的明确目的，难以抵御住不抽时的难受。

戒瘾的目的和重要性，只有放到整个人生意义系统中，你才会真正深有体会。死亡则是凸显你生命意义的背景，它就犹如一块黝黑的布，任何一抹生命的色彩都会在其上面凸显出来，以便供你思考、选择哪些东西对你而言是真正在乎的，哪些以前执着追求的东西而实际上并没有那么重要。史蒂夫·乔布斯（Steve Jobs, 1955–2011）将"记住你即将死去"作为自己一生最重要的箴言，他在斯坦福大学演讲说："提醒自己快死了是我在判断重大决定时最重要的工具。因为几乎每件事，所有外界期望、所有名誉、所有对困窘或失败的恐惧，在面对死亡时，全都消失了，只有最重要的东西才会留下。"

传记《走出荒野》的作者谢莉尔为了戒掉毒瘾和性瘾，从原来混乱的生活走出来，把自己抛到险象环生的荒野中。三个多月的徒步旅程，她时刻与死神近距离地接触：有不怀好意的陌生人，有虎视眈眈的野生动物，有缺水到濒死，有饥饿到抓狂，有血肉模糊、遍体鳞伤。也正是这种要么死要么生的极端环境，让她开始正视自己，思考自己是谁，反思自己人生的方向是什么，最为重视的又是什么，以后的生活该怎么过。最后，正如她在书中的结尾所写的："我终于找到了自己的路……我意识到我可以继续生活下去"。徒步完回到现实生活中的谢莉尔，现在已经是两个孩子的妈妈，多本畅销书的作者。

电影《篮球日记》中沉陷于毒品成瘾中的吉姆，目击了朋友米奇失手将一个毒贩推下了楼顶当场死亡，他终于清醒了，在监狱中开始反思自己为什么活着："我因为袭击、抢劫、拘捕和藏毒，在雷克岛监狱待了六个月，我经历了痛苦的戒毒过程，再也没有碰过毒品，即便在狱中比在街上更容易搞到好货。真的很痛苦。我一直在读我的日记，思考着我是怎么活到儿大的，我究竟在乎什么。"

死亡让我们开始思考自己的人生意义与价值，不管思考之后的具体结果是什么，但是这一过程就足以引发一个人彻底的改变。如果你坚持要问人生活着到底是为什么，怎样的人生才是值得的。本书只能引用其他人的一些人生感悟供你参考，因为每个人的人生意义与价值都是不同的，关键是要找到自己，并且全然地参与生活，然后实现你认定的人生价值。作家邦妮·韦尔（Bonnie Ware）将自己在八年姑息护理工作中所收获的最智慧的生命哲学写成了《临终前最后悔的五件事》，临终前最后悔的五件事或许能为正在寻求人生意义的你提供一些启发，它们分别是：

- 希望我有勇气过自己真正想要的生活；
- 希望我以前没有那么拼命地工作；
- 希望我有足够的勇气表达自己的感受；
- 希望我能够和自己的朋友们一直保持联系；
- 希望我已经让自己成为快乐的人。

2. 增加对死亡觉察的方法

直视死亡能够转变生活方式，将成瘾的活法转变为清醒的活法。但对于一般人，既没有末期癌症，也没有差一点死去的意外，甚至平日里我们总是有意无意地会忽视我们终会有一死这个事实。若正儿八经地坐下来谈论死亡，我们都会承认这一点，但是一投入到日常生活中，我们内心多少都会觉得自己跟死亡扯不上关系，或者觉得这事跟自己还远着呢。那么要怎么做，才能体会死亡带给我们的震撼呢？美国心理治疗大师欧文·亚隆在他的著作——《存在心理治疗》中，总结多种人为地增加死亡的觉察的方法。

（1）**将与死亡相关的物件摆在常见的地方**　例如中世纪西方的僧侣，为了提醒自己生命的无常，常常在自己的房间放一个人类的颅骨。

（2）**《终点》实验**　在一张白纸上画一条直线，一端代表你的出生，另一端代表你的死亡。在代表你现在年龄的地方画个叉叉，沉思五分钟。若你愿意，在此基础上，再花一些时间，写下自己的墓志铭。

（3）为自己的死亡写剧本　想象一下自己的死亡——发生在什么地方？什么时候？怎么发生的？谁首先发现你的死？接着又是谁？你的亲人知道你死后，他们的反应各是什么？你的葬礼又是怎样的？你将永远葬在哪里？尽可能细致地想象这些场景，然后详细地把它们写出来。

（4）与垂死者交谈　上述三个小练习很有意思，但终究是假装的，有些人很快就会否认，我自己还活着。如果直接与垂死者互动，那么你就必须要正视他的死，也必须面对自己最终都是要死的这个事实。

（三）承担责任

戒瘾的另一个重要动力源是承担责任，不仅为自己长期陷入成瘾荒野负责，更要为走出成瘾荒野负起全部的责任。诚如奥普拉在回顾自己坎坷辉煌60多年的人生经历写成的著作《我坚信》中，掷地有声地说道："就像我一样，你也许也经历过一些事，让你觉得自己不够好。我坚信，弥合过往的创伤是人生最艰巨也是最值得的挑战。知道你是何时及怎样被塑造成现在的你，然后你才能改变那些影响。这么做是你自己职责所在，不关他人的事。一条无可争议的宇宙法则是：我们为自己的人生负责。”

如果你一边喊着戒瘾，一边却认为父母、伴侣或周围环境是导致你戒不掉的原因，那么你真正能戒掉的可能性将微乎其微。因为那些真正戒掉瘾的人，首先是一个为自己人生负责任的人。

1．逃避责任是戒瘾的首要障碍

逃避责任是成瘾康复的首要障碍，很多人无法戒掉，都是因为这个障碍在前面挡着。在生活中，我们大多数人在逃避责任这件事上，都总是表现出不屈不挠，并且总是那么灵巧与微妙，让事情之所以发生，痛苦之所以存在，都跟我们自身无关，都是别人或是外界环境造成的，都是他们逼的。归纳一下人们逃避责任的方式，大致有以下几种。

（1）将责任转嫁到别人或其他力量上，他们不承认自己的感受或欲望，却归咎到别人身上，总是把自己的不安和失败解释成外在因素的影响。问他们是什么原因导致复发的，他们大多会说：“都是那个神经质的老婆天天跟我吵架，让我很愤怒”“都是我妈天天唠叨我，让我很烦”……真相是，在那个神经质老婆面前，你选择了跟她吵架，吵架后选择了愤怒情绪；在老妈唠叨的时候，你选择了无动于衷来面对她的唠叨，于是她不停地唠叨，在她不断地唠叨时，你选择了烦恼情绪。

（2）经常自认为是事件的无辜受害者，在很多事情上，自己是不知不觉地被卷入进行的。对事情保持天真无邪，有点迷惑的样子，装聋作哑。当别人努力让他看到自己的责任时，他会再度觉得是受害者。跟这类人相处的时候，经常会听到他们说："我不是故意的，而是潜意识的，很多时候不知不觉就走到了卖止咳水的地方"。

（3）逃避自主行为，在很多时候，他们都清楚地知道可以做什么来帮助自己，让自己过得更好一些，但总是莫名其妙地拒绝走出这一步。他们会经常说："我知道要这样做，但是我不能做到"。实际上不是他"不能"做，而是他"不愿意"那样做。

韩洋（化名）是一个止咳水成瘾6年的患者，在后面的2年中，他都在跟止咳水做斗争，反复地戒，但都失败了。他每次失败的主要原因都是下班后不知道怎么打发，感到很无聊，也很孤单。忍一两个月可以，但再久一点，就受不了，又费尽办法找止咳水喝。实际上，他内心很清楚地知道解决的办法，可以去找自己原来没成瘾的朋友，有一个朋友还主动跟他说：无聊时或有心瘾时打电话给他，但他却一次都没有拿起电话打给朋友。

为什么呢？他给出的解释是：没有动力，在没玩止咳水朋友面前心里会感到有腼应，要求他们陪伴实在太丢脸，他们会觉得我只在需要他们时才打电话。

这些理由初看，好像是那么回事。但实际上，这些解释的背后，共同反映出的是他在逃避主动让自己充实起来的责任，不愿意将打开困局、驱散无聊的主动权掌握在自己手中。除非他主动采取行动，否则帮助不会自己降临。

不管你是主动地去面对，抱怨、指责别人，装无辜，还是把头缩进厚厚的壳里什么都不做，其实这都是你的一种选择。你的每一个选择都促成每一件事的发生，可以说，你是你生命中所发生的每一件事的作者，包括每个姿势、每个动作、每个想法。如果你仍然相信自己的处境和不安是别人或是某种外力造成的，跟自己无关，自己对此没有责任，那承诺自己有所改变还有什么意义呢？

2. 改变，从承担责任开始

承担责任是改变的先决条件！你若想改变以往成瘾的生活模式，换一种不同的活法，那么，你首要做的就是承担起责任。那么，要承担什么责任呢？又要怎样承担呢？

（1）承认是自己选择了成瘾

对于为什么会上瘾这个问题，不同的成瘾者有不同的回答，有人会说“我接二连三地失去了亲人，先是疼爱自己的外婆，后是从小一起长大的表哥，再后来是因为自己调皮拔了电话线，导致心脏病发作的父亲没有及时被送去医院抢救，悲恸与强烈的自责内疚，让我在止咳水中沉迷沦陷”。有人会说“我深爱的女朋友，平时小心呵护的女朋友，无论我怎么对她好，她却背着我出轨了，还当场被我捉奸在床，我愤怒，心痛，却还是放不下，求她回来，但她冷漠地拒绝。于是，我就开始没日没夜地喝酒，喝着喝着就上瘾了”。还有人会说“本来我可以上一个好的高中，但是我妈嫌那个高中远，一个星期见不到我，受不了。于是，就让我就近上了一个不怎么好的学校。这个学校大多数学生不怎么爱学习，老师水平也很渣。我就开始跟天天混日子的同学走到一块，一起去网吧上网，玩游戏，慢慢地，功课拉下了很多，成绩下滑，也想过补回来，但很吃力，就放弃了。在课堂上学不进去，很无聊，就逃课去上网，最后被网瘾勾住了。”

你看，每个成瘾者都有各种各样的原因，有各种各样的故事，或悲伤、或愤怒、或羞耻、或无奈的事情，导致他们走上了成瘾之路。坐下来细致分析，你会发现他们的共同点是：我的成瘾，都是他人或是外界环境造成的，是运气不好，不是我主动的，不是我愿意的，不是我选择的。

如果你和周围的人都认同：是别人、令人不满的环境或是坏运气造成你的成瘾，那么你还愿意花力气来改变自己吗？不会！或许你表面说要改变，但实际内心你在等待他人或外界环境的改变，即使你前来接受心理治疗！看，我都已经做出实际行动来改变自己，但是你内心在说：“除非你能帮忙改变过去那件糟糕的事情，否则我无法重新开始”。如果你的心理咨询师认同你，然后沮丧地承认自己无法帮你改变过去那件事，或者将过去那件事消除。这时你的内心很可能松了一口气，进而，你更有理由停在原地：你看专业的心理治疗师都承认没办法了，那我还有什么办法！若你的心理治疗师没有按照你的预期进行，他努力让你意识到你自己才是长期成瘾生活的编导，成瘾是你自编自导自演的结果。你可能会很愤怒，指责心理治疗师自己没成瘾过，狗屁不懂，拍案而起，拂袖而去。不管是哪种情形，你都没能够达到自己的愿望：改写自己的人生轨迹，摆脱成瘾，换一种新的生活。不是吗？

很显然，不以一种“自己选择了成瘾”的态度来看待成瘾问题，对于解决问题是没有用的。

（2）承认成瘾带来的麻烦

承担责任还意味着你需要清醒地认识到成瘾在过去如何伤害了你，现在如何继续破坏你的生活，未来又将如何继续威胁到你的人生。尽管成瘾所造成的麻烦与影响有时候显而易见，但是很多成瘾者选择对此视而不见。这也是导致不少人戒瘾失败的一个常见原因。换句话说，深刻地认识到成瘾所带来的麻烦，是支撑你坚定戒瘾的动力之一。例如一位色情成瘾康复者说：“我能康复，就是因为我时常提醒自己：色情真的会毁了我的人生”。

要识别成瘾所造成的影响，办法有很多。你可以找一个你信任的人（如好友或者心理治疗师）谈论已有的或潜在的问题，在日记中记录自己的经历和忧虑，时常进行自我反省，或者试着进行以下练习“成瘾带来的麻烦”。

成瘾带来的麻烦

给自己一段安静的时间，确保不会受到打扰，然后认真回答以下问题：

- 过去成瘾给自己带来了什么恶果？
- 如今的自己又因为成瘾面临哪些麻烦？
- 成瘾是如何改变了自己的生活？
- 成瘾如何伤害了我的伴侣和那些关爱我的人？
- 如果我继续成瘾下去，还可能会有怎样的恶果？

在纸上写下你的答案，然后把这张纸放在你经常看得到的地方，例如钱包里、书桌上或是电脑旁，确保自己随时都可以看得到。尤其在自己快坚持不住的时候，可以拿出这张纸阅读，提醒自己成瘾的危害。

你还可以借助填写问卷，来帮助自己较全面地认识到成瘾的影响，表4-2就是关酒精或药物影响的问卷。

表4-2　简短酒精及药物使用问题调查

序号	条目	无	有
1	我曾经对自己的饮酒或药物使用感到不高兴	0	1
2	我曾因饮酒或使用药物而体重减轻或无法适当地进食	0	1
3	我曾因饮酒或使用药物而无法实现他人对我的期望	0	1

续表

序号	条目	无	有
4	当饮酒或使用药物时，我的个性曾变得很糟糕	0	1
5	在饮酒或使用药物时，我曾有过一些愚蠢的高风险行为	0	1
6	在饮酒或使用药物时，我曾对他人说过一些过激或粗鲁的言语	0	1
7	当饮酒或使用药物时，我曾有过一些冲动的行为，而事后我就后悔了	0	1
8	因饮酒或使用药物，我曾陷入过经济困境	0	1
9	我的外貌曾受到饮酒或使用药物的影响	0	1
10	我的家庭曾受到饮酒或使用药物的伤害	0	1
11	友情或亲密关系曾因我的饮酒或使用药物行为而受到伤害	0	1
12	饮酒或使用药物曾使我对一些活动或爱好失去兴趣	0	1
13	饮酒或使用药物行为曾阻碍了我个人的发展	0	1
14	饮酒或使用药物行为曾损害了我的社交生活、受欢迎度或名声	0	1
15	我曾因饮酒或使用药物而花费或损失了大量金钱	0	1

（3）为自己的康复负起责任

如果将成瘾康复比作成一场战役，那么你是这场战役输赢的唯一负责人，在这场战役中，你将要身兼数职：教练、裁判、队员和啦啦队。你负责起戒瘾康复的所有事情，包括设计策划，实施方案，立下规定，监管自己的表现，在碰壁时还要给自己打气，总结经验，重新调整自己的方案，在成功时，给自己奖励等。

听起来戒瘾康复似乎很复杂，无从下手。如果你有这样的感觉，温迪·马尔茨和拉瑞·马尔茨在《跳出色情陷阱》总结的策略，对你或许有帮助。具体操作就是：

1. 给自己一段不受打扰的安静独处时间；

2. 轻轻地闭上眼睛，细细地回想从小到大，你曾战胜过的每一个困难；

3. 然后拿出一张白纸，列出你刚刚想到的每一个困难，然后详细描述出你是如何克服这些困难的；

4. 总结经验与技巧，将它们用到你当前戒瘾这件事情中。

有些人选择寻求好友或专业人员的帮助，有些人则更愿意独自解决问题。有些人采取逐一试错的方式，希望尝试所有可能可行的方法，直到发现最适合自己的对策，而有些人则希望从一开始设计一个万全的计划，然后再去实施。不论是哪种战略，只要是从你以往克服困难的成功经历总结出来的，都可以用到戒瘾中来。

（四）直视恐惧

对失去依赖对象的恐惧，是导致戒瘾者左右摇摆，失去了在康复道路上继续前进动力的重要原因之一。没有成瘾经历的人对此会感到莫名其妙：成瘾对人的负面影响这么大，弃之还来不及，怎么会在放弃它时还会感到恐惧呢？真的会有恐惧吗？

1．对戒瘾的恐惧真的存在吗

美国成瘾治疗师弗雷得里克在描述自己戒烟瘾的过程时，用不同的文字三番五次地强调这种恐惧：“戒烟让我陷入了自己所畏惧的泥沼之中，这个泥沼充满了艰难、紧张以及混乱。”“每当成瘾者放弃了强迫行为之后，他们就会感到无聊至极、痛苦焦虑、极度脆弱。”“改变的早期阶段会让成瘾者感觉极不舒服、痛苦，甚至恐怖的。”日本成瘾治疗师矶村毅说“烟民在有戒烟愿望的同时，也抱有一种莫名其妙的恐惧。”“他们也打心底里想戒烟，但是又害怕失去香烟。”“那就是‘如果真的戒烟了会怎么样呢？会不会很痛苦？是不是整个人都变得不像我了呢？’恐惧很轻微，但是烟民们每天都会反复地有这种感受，恐惧一点一滴地积累起来，一定会在他们心里扎根并且成长壮大。”色情成瘾治疗师温迪和拉瑞在他们的著作中直接指出：“在戒除色情的过程中，恐惧感不可避免”。前文提到的传记《瘾君子》的作者威廉·巴勒斯在书中提到了对戒瘾的恐惧：“我明白我再也不想继续吸毒了。如果我只能下一个决心，本会希望再也别碰毒品了。但真要走上戒毒之路，我没有这个勇气。”

2．对戒瘾产生恐惧的原因

为什么戒瘾者内心清楚戒瘾百利而无一害，为什么还是会有恐惧呢？什么让他们恐惧呢？第一个恐惧源是戒瘾初期的戒断反应，物质成瘾者就不用说了，生理上的不舒服例如说不出的浑身痛苦、腹泻、寒战、顽固的失眠；生理上的不舒服稍微缓解后，等着他的是心理上的难受，抑郁、焦虑、害怕、孤独、无助等负性情绪就如铺天盖地的乌云一样向他压过来。即使较轻的行为成瘾者也逃不掉戒断反应的折磨。第二个恐惧源是顽固的心理渴求，戒瘾时你心中常会冒出一个个欲望，它们就像饥饿的小魔鬼，时不时折磨着你。第三个恐惧源是对未来未知生活的不确定与担忧，戒除瘾很多时候意味着彻底改变一个人的生活方式，比如说跟成瘾告别，得找到新方式来对抗压力和安抚自己内心的焦虑，得学习如何更坦诚地与他人交往等。最后，对自己过去行为的愤怒也是造成恐惧的另外一个来源。

3. 克服恐惧的方法

如果戒瘾者不了解这种恐惧，并采取具体行动来克服的话，那么恐惧就会侵蚀他的动力，破坏他康复的动力，阻碍他康复的进程。就好像悄然扎进汽车轮胎的一个钉子，而你却毫不知情。个人心中对戒瘾的恐惧越强，就越难彻底戒除瘾。

那么如何克服这种恐惧呢？对此，我们比较推崇的是电影《少年pi的奇幻漂流》中pi的做法——经历它、面对它和接受它。这也是前文提到的传记《走出荒野》的作者谢莉尔的做法——直面恐惧，接纳自己。她说："接受。我必须接受时间的事实、公里数的事实，夏天的事实，人生的事实……一遍又一遍。我发现一旦接受所有的难题，其他所有的事就会跟着退让几分。每踏出一步，就会引领我踏出下一步，下一个真相也跟着自己揭开。我们都会受苦、我们都会心碎，我们都会有难题，它们是人生的一部分。仅仅是体会到这个事实，对我就意义深远。"美国流行天后Mariah Carey演唱的《Hero》也提供了类似的答案：如果你探寻你的内心，与你的恐惧直视，那么它像云烟一样消散，随之而升起的是你的勇气。

具体而言，我们如何探寻内心的恐惧呢？这里提供两个小方法给正在戒瘾的你参考。

（1）在戒瘾的过程，用一个小笔记本将自己内心感受到害怕，都一一写下来，在写的时候无须理会语法、逻辑，也不需要考虑它是符合现实，还是多么荒谬可笑，这些都不重要，关键是将头脑冒出任何害怕的想法都记录下来。我们将它称之为"随性记录"。然后，找一个只有你自己的角落，原原本本地读出你"随性记录"的内容，大声说出自己的恐惧往往是消除恐惧的好办法。当你将恐惧放在光天化日下时，恐惧的影响力就不再那么强大了，有些恐惧忽然间就显得无足轻重了。

（2）尝试勾选一下以下戒瘾恐惧问卷，或许能帮助你有条理地判断自己内心的恐惧。以下问卷（表4-3）内容是根据我们的临床经验以及相关文献整理而成，尚未有大规模的调查来验证该问卷的信、效度，在此仅供你作参考之用。

表4-3　戒瘾的恐惧

序号	条目	是	否
1	我害怕变得抑郁	1	0
2	我害怕变得易怒、沮丧	1	0
3	我害怕感到孤独	1	0
4	我害怕感到焦虑不安	1	0
5	我害怕变得无聊	1	0
6	我害怕失去“壮胆”的工具	1	0
7	我害怕变得不自信	1	0
8	我害怕变得萎靡不振	1	0
9	我害怕顽固的失眠	1	0
10	我害怕戒断时异常地出汗	1	0
11	我害怕变得虚弱无力	1	0
12	我害怕变得对任何事都没有动力	1	0
13	我害怕在性爱方面出丑	1	0
14	我害怕严重的身体戒断反应	1	0
15	我害怕亲眼看着自己打破亲手制定的戒瘾计划	1	0
16	我害怕最终戒不了让家人失望	1	0
17	我害怕别人会带着异样的眼光看自己	1	0
18	其他______________________	1	0

三、戒瘾，立即行动起来

当你下定决心戒瘾，你需要立即采取一些行动，否则你戒瘾的承诺就会沦为一句空话。以下四个步骤是你立即可以执行的，实际上，它们也是戒瘾康复的根基，就像建房子打的地基一样，没有地基，何谈高楼？没有按部就班，全面实行以下这四个步骤的人，往往会面临戒瘾失败。所以，如果你想顺利将瘾戒掉，我们强烈建议你投资一些时间和精力，完成以下四个步骤，即使面临各种挑战，也需要努力完成。

（一）坦白“我确实有成瘾问题”

许多戒瘾专家都认为戒瘾的第一步是向一个信任的人坦白自己的成瘾问题。例如美国成瘾治疗师弗雷得里克·沃尔夫顿建议戒瘾者“不要独自奋战，你需要明白没有一个人可以只靠自己的力量就可以成功戒瘾。”专门从事性成瘾研究与治疗工作的温迪·马尔茨和拉瑞·马尔茨就将“对别人坦白自己的色情瘾问题”作为戒瘾六个基础步骤中的第一步。许多已经成功戒瘾的人，在回顾戒瘾过程都会提到自我曝光是跳出成瘾陷阱最为重要的一步。

大多数人有成瘾问题，主要源自自身的孤独，如果你能开诚布公地和信任的人谈论自己的问题，那么自然而然就会削弱和成瘾对象的联系。同时大多数人在进行成瘾行为时都是偷偷地背着人发生的，若选择坦白的话，谎言和欺骗就没有存在的必要性，也不需要再千方百计地隐瞒自己有成瘾问题，一瞬间，恐惧别人在某一刻发现自己有这个恶习的压力也随之蒸发。有人知道自己有成瘾习惯后，这个习惯的吸引力就会大大地削弱，而他们戒瘾的动力却随之增长。

尽管主动坦白有这么多的好处，但是真要一个人这样去做，却不是一件容易的事。因为倾诉成瘾问题，就意味着主动承认自己的弱点，承认自己的失控，甚至承认自己过去干过的一些恶劣性行为。说出这些话时，往往会产生很多负面情绪，例如感到羞耻、内疚和焦虑不安；而且还会产生各种担忧，担心对方因为成瘾问题而指责自己、批评自己、否定自己甚至从此带着有色眼光看自己，自己从此就比对方矮一截。

但不管向人坦白自己成瘾问题有多么艰难，我们都鼓励你这样去做，因为这是戒瘾的必经之路，所以你需要成为自己的英雄，拿出足够的勇气和决心来做这件事。在坦白自己的问题时，最有挑战性的是向第一个人倾诉，只要你能够跨过内心的那道坎，克服恐惧心理，一五一十地说出来。接下来再对别人、对自己坦诚就容易很多了。

为了让这个挑战性任务能够顺利一些完成，你可以参考以下一些经验。

坦白自己的成瘾问题

- 选择一位可靠的倾诉对象；
- 选择合适的时机，确保交谈不会受到打扰，比如说，关掉手机，在私密场合交谈，这样自己会感到有安全感；
- 让其他人知道你有隐私问题要谈，不要前来打扰；
- 事先询问对方方不方便、愿不愿意聆听，因为适合你的时间不一定会适合他人；
- 告诉对方，开口说这件事有多么不容易。让对方知道，你内心挣扎了很久，才决定要说出自己的问题。告诉他，你选择他作为倾诉对象是出于信任，你尊重他的意见，认为他能给自己带来安全感；
- 让对方知道，为什么你选择在这个时间说这件事。你可以说“我现在选择说这件事，是因为自己再也不想继续隐瞒下去，不想继续伤害自己、伤害别人。我已经准备好了承认自己的问题，并且做出改变。”
- 让对方知道，你希望从他那里得到怎样的帮助。例如他耐心地聆听，给出适当的建议，分享他的想法等。

鉴于选择一名可靠的倾诉对象的重要性，我们再次建议正在戒瘾的你慎重再慎重，否则会弄巧成拙。保险起见，在选择第一名倾诉对象时，你可以重点考虑以下问题，然后再作出最终的选择。

选择合适的坦白对象

- 谁知道了我的成瘾问题后，还会包容我？
- 谁值得我信赖，不会羞辱我或谴责我？
- 我曾经向谁倾诉过心事后得到了积极的回应？
- 谁不爱在人背后说闲话？
- 谁一直都比较尊重他人的隐私？
- 谁对他人的私生活抱有怜悯之心？
- 谁比较了解成瘾问题，知道如何康复？

综合考虑以上这些因素，训练有素的专业人士（如成瘾机构的心理治疗师、精神科医生、社会工作者等）是一个比较理想的候选人，有一些有宗教信仰的人（如神父）也是一个不错的选择。成瘾匿名互诫协会的成员，让自己感到舒服并且克服类似成瘾问题的好朋友，也是很好的对象。对于亲戚熟人例如伴侣、父母、师长和挚友，我们建议最好不要作为第一个坦白对象，而是可以作为第一次倾诉之后的坦白对象。

第一次坦白的结果，有可能会得到你预期的效果，从对方那里获得理解和支持。也有可能发生你害怕的局面，例如对方被吓到了，或者反应很激烈甚至拒绝。但是，不管是哪一种，这都是你戒瘾过程必须面对和承受的。

（二）寻求专业外援

1. 寻求专业协助的必要性

有时候要承认自己需要帮助，尤其承认自己需要寻求专业的协助，并不是一件容易的事情。成瘾疾病是精神科疾病的一种，尽管医学界对精神疾病有了长足的认识，社会还是带着有色的眼光来看待这类患者。所以，要接纳并承认自己罹患的是精神疾病更是一件需要勇气的事情。此外，成瘾这个疾病本身也会阻拦你去寻求专业的帮助。有些成瘾疾病例如色情成瘾往往羞于开口，不想让人知道自己的状况。不少长期成瘾患者在后期多伴有抑郁，抑郁带来的退缩、缺乏动力使得出门寻求帮助变得犹如登天一样困难。

所以有不少成瘾者选择在家自己戒瘾，这种自己突然完全解除毒瘾的方法在国外又被称为"冷火鸡法"。例如前文提到的罗琦就尝试过这种方法，把自己锁在家里，备好安眠药，但结果却是没几天身体和心理的反应就击垮了自己。我们的临床经验和文献资料显示这种方法最有可能的结局就是失败。只采取这种方法的人，不仅没有戒掉瘾，反而打击了自己戒瘾的决心与信心。

如果你真的想戒掉成瘾，那么专业协助是必不可少的。没有专业协助的参与，你很可能被严重的戒断反应（尤其是物质成瘾）打败，即使煎熬地度过戒断反应期，你也很有可能屈服于顽固的心理渴求，失去对目标的洞察与坚持，继而被压力击垮，复而回到老路上，恢复以前的思维和行为方式，这对治愈成瘾毫无益处。

2. 常见的专业协助类型

（1）药物治疗

药物治疗主要包括戒断症状治疗和康复期防止复发治疗。具体的戒瘾药物和治疗方法会因为成瘾物质的种类、剂量、时间、途径、既往戒瘾治疗情况以及当事人身体状态而确定。在药物治疗过程中，虽然精神科医生起着主导作用，但是成瘾者的主动参与和积极配合是极为重要的。

戒断症状治疗主要是通过药物减轻由于突然停用成瘾物质导致的戒断症状，预防因突然停用成瘾物质可能导致躯体损害。不同种类物质成瘾的戒断症状治疗方案是不一样的。例如可待因、海洛因等阿片类物质成瘾，戒断症状治疗又称为脱毒治疗，主要分为替代治疗和非替代治疗，两者可以结合使用。对于戒断症状较轻的成瘾者，可单独使用非替代治疗。服用美沙酮就是最为常见的替代治疗，其用药原则是：逐日递减、先快后慢、只减不加、停药坚决。而可乐定和洛非西定则是非替代治疗中的常用药，主要作为辅助药或用于控制较轻戒断症状。许多烟瘾者则通过尼古丁含片、口香糖或吸入器帮助控制戒断反应。另外，还可使用恰当的处方药物帮助缓解慢性疼痛、焦虑或抑郁情绪。康复期防止复发方面的治疗，同样因不同种类的物质成瘾而有很大的区别，依然以阿片类物质成瘾为例，盐酸纳曲酮（简称纳曲酮）则是最常见的防止复发的药物。

药物治疗一般都会有一定的副作用，例如肝脏毒性，严重的会导致死亡，而且不同种类的物质成瘾以及患者本人身体状况不同，所使用药物治疗方案差异非常大。如果正在戒瘾的你希望获得药物治疗，我们强烈建议你一定要在精神科医师的指导下用药治疗，切勿擅自服药。

最后值得再三强调的是，在药物治疗上，戒瘾者和家属普遍存在一个误解：认为在医疗机构接受为期一个礼拜或一个月的药物治疗，戒断症状控制了，就意味着戒瘾成功，以后就万事大吉了。甚至有些成瘾患者出院后为了检验一下药物治疗的效果，特意再次使用成瘾物质。这是一个影响严重的误解。药物治疗仅仅帮你缓解了戒断反应，让你舒服一些，但是离真正戒掉成瘾还很远。戒断反应的控制是你戒瘾万里长征路的第一步，顽固的心理渴求还会时不时冒出来，尤其在有心理压力时，它出现得更为频繁，稍有不慎你就可能回到老路上，而且因长期成瘾而受损害的大脑也需要更长的时间来修复。

（2）个人心理治疗

与接受过专业受训的治疗师、社会工作者或精神科医生进行一对一的个人心理治疗，有助于你成功戒瘾。

Tyrone & Misurell在2008年发表的一项研究报告显示，接受过个人心理治疗的人比使用安慰剂和在等候名单上的人戒瘾效果要更好，复发的可能性更低。

寻找一位可靠的专业治疗师协助自己戒瘾的好处有：①他的职业操守要求他为你的治疗保密，在咨询室里你说到的任何理论，只要不涉及自杀与伤害他人，他都无权向其他人透露；②他跟你在日常生活中没有利害关系或情感联系，也不需要你的爱与认可，所以你在叙说自己内心的秘密时相对没有那么多的顾虑与担心，而他也会相对客观，不带偏见，跟你一起分析你所面临的问题，寻找有效的应对方法；③受过专业培训的他，在成瘾方面知道更多的前沿信息和戒瘾方法，在这方面他可以给你有效的支持。

一般而言，戒瘾疗程是每周一次或每月两次，持续时间从几个月到几年不等。有质量和时间保证的个人心理治疗能够帮助戒瘾者挖掘改变的动力，增加对成瘾性质的了解，培养新的替代性健康习惯，加强应对消极情绪的能力，提升应对问题的能力，提供更好地解决问题的技巧，有效地应对心理渴求和复发，发展支持性的人际关系并训练戒瘾者发现其他有益的行为。

一位性成瘾者反馈说："对我而言，个人心理治疗是最为保险的，让我突破沉默，治疗师公正、客观地帮我分析问题，还教给我一些策略技巧，让我转变行为，用更积极的办法来调整自己的性兴趣。"

（3）夫妻/家庭咨询

大多数情况下，长期成瘾常会导致夫妻/家庭关系变得岌岌可危。因为当事人花费了很多的精力和时间在成瘾上，疏忽了伴侣或家人，而且常常因为成瘾撒谎与隐瞒，伴侣/家人知道真相之后常会感到被欺骗与伤害；到了成瘾后期，当事人常变得烦躁，动不动就与家人发火，因此双方关系变得紧张；当事人开始下决心戒瘾，并向家人作出承诺，但是由于戒瘾的艰难，一次次打破自己的承诺，这进一步破坏家人对当事人的信任度。

如果你想成功戒掉瘾，你与伴侣/家人良好的关系是一个重要的促进因素。反之，你跟伴侣/家人糟糕的关系则成为戒瘾过程中很大的阻碍。电影《蕾切尔的婚礼》中凯姆从戒瘾康复中心请假出来参加自己姐姐的婚礼，短短的三天时间里，与姐姐、母亲的冲突，父亲的监视与不原谅，让凯姆心神俱疲，状况频出。若长久处在这样的家庭关系中，凯姆很可能会再次复发。

因此，接受夫妻/家庭咨询是你戒瘾过程中一个不错的选择。因为在夫妻/家庭咨询中，双方能够在相对理想的环境中讨论成瘾问题，帮助双方了解成瘾是如何破坏了他们的关系，损害了双方的信任度和亲密感。在心理治疗师的引导下，成瘾者与伴侣/家人齐心协力，共同修复成瘾带来的伤害。

值得注意的是，夫妻/家庭咨询最好是在个人咨询之后，作为个人咨询的辅助或者后续，才能发挥出最大的效果。如果没有个人心理咨询作为基础，夫妻/家庭咨询不仅不会起到好的效果，还会激化双方的矛盾。通常来说，在成瘾者作出戒瘾承诺，并且已经远离成瘾一段时间之后，夫妻/家庭咨询是最有效的。

（4）团体心理咨询/十二步成瘾治疗法

成瘾康复是一个长期的过程，如果能定期和其他同道中人交流沟通，戒瘾者能够更好地坚守自己的承诺，朝着自己的康复目标迈进。以心理咨询师引导的团体咨询和以十二步成瘾治疗法为基础的团体项目就提供了这样的一个机会。

所以团体项目是成瘾康复过程的重要部分，尤其是以十二步成瘾治疗法为基础的团体项目。它被广泛用于成瘾康复治疗过程，也许你在涉及成瘾主题的影视作品中已经听到这个名词，例如电影《购物狂的自白》中购物成瘾的丽贝卡和《蕾切尔的婚礼》中药物成瘾的凯姆就参加了这样的团体项目。每种类型的成瘾都有相应的团体项目，例如嗜酒匿名互诫协会、暴食者匿名互诫协会、赌博成瘾者匿名互诫协会、性成瘾者匿名互诫协会等。这些团体规模从五六人到二十多人不等，主要形式是每个礼拜聚在一起，每个成员在团体各自分享自己经历，承认自身的问题，下决心改变、向被伤害过的人承认错误、经常自我反思等。

参加这些治疗项目的成员，大多数认为这种方式对他们是有帮助的。在团体中，看到还有其他人跟自己一样有类似成瘾经历：曾因为好奇，到不自觉地上瘾，到一个一个谎言，让关心自己的人失望伤心。自己不再感到孤单，原来这个世界不止自己一个人经受这些痛苦与折磨，想到这一点心理就轻松很多。看到其他成员一次又一次的努力，一点一点克服戒瘾过程中遇到的困难，自己也深受感动，也获得勇气与动力去面对自己的难题。自己在戒瘾过程中的每一次小成就，其他成员都会替自己感到喜悦，每一次失利，他们都会陪着自己难过，这让自己感到有归属感，让自己感到踏实。

（5）住院治疗

对于那些严重失去控制的成瘾者而言，住院治疗是可行的一项选择。住院治疗会提供综合服务，包括治疗需求评估、药物治疗、个人咨询、团体咨询和成瘾相关讲座，还有出院后的后续治疗项目。它能够有效帮助成瘾者远离成瘾对象，缓解戒断反应，建立新的生活习惯。

（三）清扫戒瘾环境

清扫自己身边的环境，创造一个相对安全的戒瘾氛围，是康复过程中必要的而且关键的一步，它能够增强个人追求健康生活的积极性，极大提升成瘾治愈的可能性。所谓清扫戒瘾环境，是指生活与工作中尽量减少成瘾对象及其相关物件的存在，增加接触成瘾对象的限制与难度。无论何种成瘾，要创建一个相对安全的戒瘾环境，大致都可分三步走：扫出门、关上门、不接触。

（1）扫出门

将藏匿在家里、工作地点和车上任何一个角落的成瘾物品都统统找出来，然后毫不留情地彻底清除掉。就如电影《羞耻》中性成瘾者布兰登一样，将藏在储物柜、鞋盒里、橱柜、冰箱、床底等家中每个角落的色情杂志、书籍、录像、DVD都找出来，装进黑色的垃圾袋，甚至将自己电脑砸碎，一同清理掉。

将所有的成瘾物品扫出家门，并非是每一位戒瘾者都能轻松做到的事情。对于一些戒瘾者来说，这是一件很简单的事情；但是，对于另外一些戒瘾者来说，这是一件困难的事。在这个过程中，他们会感受到沮丧、难过、伤心等灰色情绪，就好像结束一段曾带来美好经历的感情一样，或是和老友绝交一样，觉得难以割舍；还有一些人心理并没有做好与成瘾彻底决裂的准备，心底里还有一丝念想，若是康复没成的话，或者实在很煎熬的时候，这些剩余成瘾物品还能成为自己的安全港湾。

例如在电影《购物狂的自白》中，购物成瘾者丽贝卡第一次处理自己满屋子的衣物、首饰、包包、鞋时，则倍感痛苦，每一件物品都难以割舍，最后自我欺骗地将这些物品打包收进衣柜，而不是按照治疗师建议真正清理掉。第二次清理时，在治疗师、其他购物戒瘾者还有自己好友与父母的帮助下，才真正彻底将以上物品拍卖掉。

如果你在清理成瘾物品时感到困难，你可以向丽贝卡一样，寻求治疗师、康复小组成员或是家人朋友的帮助。在彻底清除这些成瘾物品之后，大多数人都会慢慢适应，并且感到如释重负，为自己感到自豪。如果你也正在戒某种瘾的话，快行动起来吧！

（2）关上门

将生活与工作环境中的成瘾物品都清扫之后，接下来的任务就是“关上门”。所谓“关上门”就是减少自己再次接触成瘾物品的途径，阻止新的成瘾物品再次出现在自己生活环境中，尽最大可能地将这些成瘾物品永远关在门外。因为你越是允许成瘾物品入侵你的生活，那么就会越离不开它，你原以为再喝一口、再抽一次、再玩一次或是再看一次没什么大不了的，应该不会有什么严重后果。实际上，就是这一次导致你全盘崩溃，因为你有了一次，你就会有下一次，即使你那时内心不想，但是它会逼着你想要更多。因此你应该解决对所有成瘾物品关上门。

具体如何对成瘾物品关上门，会因为成瘾的类型而有区别。以下分别以物质成瘾中的毒品依赖和行为成瘾中的色情依赖为例，提供一些具体的方法，其他类型的戒瘾者则可参考这些方法，罗列适合自己的方法。

对色情关上门

• 取消定制色情品（包括网页、杂志、无线电视和手机服务）；

• 更改自己的邮箱地址；

• 在电脑上安装网络监管软件；

• 将电脑移到家中客厅等公共区域；

• 购买新的硬盘驱动器或电脑；

• 在有旁人在场时，且他能看到屏幕时才使用电脑；

• 订购百分百无色情的电视节目套餐；

• 屏蔽带有色情的电视频道；

• 避免出入成人书店或脱衣舞夜总会等场所；

• 避免出入销售色情杂志和其他色情品的商店；

• 避免出入出租成人录像的商店；

• 回避那些常和你一起看色情的人或者能让你看到色情的人；

• 入住旅店前先电话咨询，取消你入住期间的电视色情节目，确保房间电视不带有色情内容；

• 告诉朋友、亲戚和同事，不要再给你色情品或是色情链接。

对毒品关上门

• 与所有和吸毒有关的朋友、拆家（毒贩）断绝一切接触，你可以坦白告诉他们你已经不再希望与毒品有任何接触；

• 若亲人或恋人吸毒，尽量和他们分开住，若不能分开住，则可要求对方不要把毒品带回家，以及禁止在自己面前吸食；

• 巧妙安排时间与行程，与同为吸毒的熟人或朋友错开，例如毒友上午蒙头大睡时你可以出去走走，他们晚上有聚会时，你可以早早休息或安排别的事；

• 远远看到迎面而来的毒贩或毒友，就悄悄掉头走开，或说有急事立马离开；

• 搬离你的家，去一些没有毒品买卖的地方，并且千万不要告诉任何与毒品有关的人你搬到那里；

• 将你的电话号码改掉或将拆家（毒贩）的电话号码去掉；

• 将所有的现金存入银行，找一个可靠的人帮你暂时看管金钱；

• 告诉朋友你现在已经戒了毒品。

鉴于毒友或毒贩有意或无意诱惑的普遍性，以及它对戒瘾造成的阻力，我们在此多花一些篇幅来讲讲毒品拒绝技巧。在电影《篮球日记》最后，从监狱出来，已处于戒毒康复期的吉姆，就碰到往日一同吸毒的朋友佩德，佩德先是诱惑吉姆说："我给你带了点东西，吉姆，全曼哈顿最好的毒品，怎么样，我和你？和原来一样。"吉姆摇头说"我不能"，不死心的佩德继续说服"会很爽的”，吉姆还是有礼有节地拒绝“我还有事做，你等会来不行吗？”这时佩德才放弃，“不行，我现在就得去，你明白我的意思”，吉姆以“照顾好自己”安全地结束与佩德对话，去做人生中更重要的事。

也许有些戒毒瘾者，能够像吉姆一样恰当地拒绝往日的好友兼毒友；但是有一些人则显得很为难。尤其在中国，人际交往中就存在讲“情面”、讲“哥们义气”和重“关系”的氛围，拒绝毒友并不是一件那么容易的事情。有些患者告诉我，“过年过节的时候，重新回到往日吸毒的环境，那些同为吸毒的朋友就会喊我出去，聚个餐喝个啤酒什么的，这时候拒绝他们心里过意不去，那个拒绝的话就无法从嘴里说出来，人家又没说去吸毒。但是酒喝着喝着，就会有人拿出毒品。这时候喝了酒的脑袋就像着了魔一样，不知不觉就跟他们一起吸了，然后就复发了。你说这怎么办？”

对此我们的建议是，在“终生戒瘾”和“维持与毒友一时的关系”之间，戒瘾者心里要掂量清楚哪个选择在自己人生中更为重要。在此，你或许借用前文提到的乔布斯在做重要决策时经常采用的一个工具“记住你即将死去”。或许你可以问问自己：“如果我即将要死去，我要怎么做才能让自己的人生少点遗憾？”这时候，有些戒瘾者就会拒绝往日毒友的聚餐要求了，从而避免再次复发的风险了。

在具体拒绝毒品方面，通常存在三种形式：①被动式，例如“家人不让吸毒”；②攻击式，例如“你再来找我，我就对你不客气了”；③果断式，例如“我在戒毒，以后也不再吸了，请你以后不要再跟我提毒品的事情”。第一种被动式的拒绝，就会显得戒瘾者决心不大，信心不足，给毒友和毒贩留有余地；第二种攻击式的拒绝，可能会导致和毒友或毒贩之间产生语言甚至肢体上的冲突，后续还有报复的可能；第三种果断式的拒绝，既表明了自己坚定的态度和决心，让对方没有可乘之机，也避免了与对方的冲突和报复。所以，采取果断式的拒绝方式是更为明智的，也更能达到预期的效果。

要做到有效果断拒绝毒品，你可以参考以下三个小技巧：①反应迅速（毫不犹豫，不要左右言他或是支支吾吾）；②直接望着对方的眼睛；③语气坚定地说“不”。有不少戒瘾者，为了熟练地掌握这项技巧，他们机智地想出一些小方法，例如制作毒品拒绝应对卡，随身带着。正在戒瘾的你，或许也可以参考一下。

毒品拒绝应对卡

当有人给你毒品或药物时，我可以采取以下做法：

- 提醒自己你的个人目标；
- 想一想使用后的负面后果和不用的好处；
- 直望对方的眼睛；
- 毫不犹豫地说“不”。

（3）不接触

不管你怎么努力想要把成瘾物品清扫出你的生活环境，你总会有机会撞见它们。尤其像网络游戏、色情图片具有匿名、免费和易得等特征的成瘾，你不需要特意去找，它们都会不经意出现在你的视野中。那么我们又该如何应对呢？

我们无法逃到一个与世隔绝的地方，完全避免这些成瘾物品。有些家属人为地为戒瘾者创造一个封闭的环境，例如将他送到僻远的乡下，或者送进某个戒瘾机构关上一年半载，企图他们与这些成瘾物品完全隔绝一段时间，然后顺利戒掉瘾。实际上这种做法并没有起到预期的效果，反而抹杀了戒瘾者的主动性，更容易再次复发。

那么最好的对策是什么呢？那就是将“不接触它”的掌控权牢牢握在自己手中，我们无法营造一个完全没有成瘾物品的环境，但是我们可以在撞见它们的时候，选择快速远离它们，而不是靠近它们。你可以选择转身离开，你也可以选择简单地闭上眼睛，你可以选择做其他事情，你也可以选择打电话给自己好友，帮助自己转移注意力。

在创建一个相对安全的戒瘾环境的时候，除了以上三个步骤：扫出门、关上门、不接触，我们还可以做一些其他措施，使得戒瘾环境更为安全和保险。例如制作提醒卡，列出成瘾所致的五大问题和减少上网的五大好处，然后将它放置在你随处可以看得到的地方。因此，当你处于危险的地点时，就可以复习这张卡，提醒戒瘾的积极后果和继续成瘾下去的消极后果。你也可以将戒瘾的榜样照片，贴到你随处可见的地方，让他随时激励你。

（四）建立康复支持系统

利用已有的良好关系资源，建立一个随时待命的亲友团，提供24小时的支持，有助于你安全地度过戒瘾康复期。在康复期，总会碰到一些高危情境，例如与朋友及家人争吵、身边有人引诱自己使用毒品、偶然发现吸毒的随身工具、路过旧时熟悉的地址等，这时就极有可能产生强烈的心理渴求，使得内心非常挣扎，尤其是在自己本身就比较疲劳、脆弱的情况下，就很有可能屈服心理渴求，于是发生了实际的成瘾行为，导致复发。如果戒瘾者身后有一个亲友团，在他有心瘾时，挣扎时，他能够随时联系到给予支持的人，那就增加了熬过艰难时刻的胜算。

戒瘾成功的罗琦在分享自己的经验时，特意提到亲友团的支持在戒瘾过程中的重要作用，她的亲友团包括自己的主治医生、丈夫，在她有强烈的复吸愿望时，仅仅想到他们对自己的关心、期望以及帮助，就能平复稍许，给他们一个电话，获得他们精神上的鼓励和实际行动上的支持，就避免一次毒瘾的复发。

过了大约半年左右的时间，罗琦觉得自己身体已经没有什么问题，可以停止这种“以毒攻毒”的治疗方式了，就私自停了下来。然而，一个白天还没有过去，她又产生了极其强烈的复吸愿望。毒瘾发作的痛苦此时就像几千万只蚂蚁在骨头里噬咬着她，生不如死的感觉让她瞬间想到放弃治疗，再回到从前的那段日子。然而，罗琦又想到，这样做，对得起义务救治自己的医生吗，特别是Jan，他是那么地信赖自己，自己也同样深爱着他，甚至彼此将一生都交付给了对方，这样做不仅是为自己自掘坟墓，同时也是在葬送自己最为起码的做人良知。罗琦急忙给Jan打去电话述说了原委，接到电话的Jan火速赶回家中，带着罗琦去看医生，在轻轨动物园车站，罗琦知道那就是一个卖毒品的地方，按捺不住的她就用眼睛寻找那些卖毒品的人，Jan见状，一边紧紧地攥住她的手，一边轻柔地对她说：“看着我好吗？”罗琦心里踏实了很多。事后罗琦回忆说：“这个时候如果只有我一个人，我一定又回老路了。好在有Jan在我的身旁，他让我渡过了难关。”

在确定亲友团人选时，我们建议你参照选择合适坦白对象的方法进行。当确定人选后，采用直接的、有针对性的方式告诉他们，你想要的是什么，他们才能提供实实在在的帮助。例如“我在戒毒瘾，我希望能够得到你的帮助，在我想要服药时，我能够打电话给你聊一聊吗？”“我在戒酒瘾，据说跑步能够有所帮助，我知道你一直坚持跑步，我跟你一起去跑步可以吗？”又或者是“我在戒烟瘾，你能帮我一个忙么？当你想吸烟时，不要在我面前吸，也不要给我烟，因为闻到烟味，都会引起我吸烟的欲望。”

四、复发的预防

（一）复发预防的长期策略

1. 填补空洞

在你往日很长的一段成瘾生活中，成瘾物质（如食物、香烟、酒等）或成瘾行为（如网络游戏等）已经成为你日常生活中的一部分，戒瘾就相当于将这一部分剜掉，你的生活就会有一块是空缺，这就导致了很多戒瘾者在戒断期常有的感觉：“心里空空的，总觉得缺了点什么”。若没有及时有效地处理这种空落落的感觉，其后果是大家害怕见到的：很快又复发了。以上这一过程就好比图4-5：在成瘾阶段，成瘾已经嵌入到木桶中去，融入木桶的一部分；在戒断阶段，就相当于人为地成瘾这块木板给挖掉，那么木桶就出现一个空洞，里边的水就会源源不断地流出来。若没有及时处理，久而久之，桶里的水就会流干了。那么何为及时、有效的处理呢？那就是找一块合适的木料给修补回去，对于戒瘾者而言，那就是集中精力培养一个新的健康习惯。

图4-5　培养新的习惯

培养一个新的健康习惯来替代原来的成瘾习惯，是很多成功戒瘾者常采用的策略。鉴于这一策略在帮助戒瘾者顺利度过康复期的重要性，有科学家专门将该策略命名为习惯疗法。

依靠美国国家健康研究所资金资助的科学研究团体——包括神经学家、心理学家、遗传学家和社会学家，对24名有各种成瘾习惯（吸烟上瘾、暴饮暴食、酗酒成性、疯狂购物等）的人，从神经、遗传、人际、社会以及心理层面进行了综合的研究。参与研究的24名成瘾者都有一个共同点：他们的生活都在短时间内焕然一新。所以科学家们非常渴望通过他们探求成功改变成瘾习惯的运作机理。

丽莎·艾伦是参与研究其中的一名成瘾者，34岁的女性，16岁就开始吸烟、喝酒，之后的大部分时间都在和肥胖作斗争。20多岁时，背负着1万美元的债务。干得最久的工作不超过一年。而如今的丽莎·艾伦，健康、苗条而充满活力，有着两条长跑运动员的腿，看上去比实际年龄要年轻10岁。不再拖欠巨额债务，也不再吸烟、喝酒，有一份稳定的工作。

说起如何戒掉抽烟、喝酒、暴饮暴食这些成瘾习惯，丽莎总是从开罗那趟旅行开始，她说那次旅行是匆匆忙忙决定的。几个月前，她的丈夫突然告诉她要离婚，因为他爱上另外一个女人。丽莎震惊了，愣了好一会儿才反应过来，然后才意识到自己的婚姻即将要完蛋了。她先是难受了一段时间，然后开始一系列疯狂的反扑行为：包括着了魔似的调查她丈夫，跟踪她丈夫移情别恋的那个女人，在半夜打电话骚扰这个女人，有次还喝得醉醺醺地出现在这个女人家门口，用力敲打着大门，叫嚷着要放火把房子给烧掉。

到了崩溃的边缘，实在太难受了，丽莎突然决定去看看自己一直想去看的金字塔。在抵达开罗的第一个早晨，她起身找烟抽，随手就拿起钢笔当万宝路香烟点着抽着，直到闻到塑料烧焦的味道，才发现手里拿的是钢笔。连抽烟都出问题，这一下子将过去4个月支离破碎的生活摆到了她的面前，一幕幕哭泣、暴饮暴食、失眠场景伴随着无助、抑郁、愤怒、被羞辱的感觉，在她眼前闪现。她躺在床上，无声地流着眼泪。思绪又转到了她的前夫，转到了自己的工作，想到现在的让人烦闷与压抑的工作，想到自己糟糕的身体状况。

口渴的她，起身找水喝，却打翻了玻璃水壶，掉在地上摔得粉碎，玻璃渣子和水撒了一地。这时丽莎嚎啕大哭，似乎要把内心所有的痛苦与绝望哭出来。哭着哭着，丽莎内心冒出一个念头：我不得不有所改变，至少改变一样我可以控制的东西。

丽莎起来洗了个澡，离开了酒店，上了一辆出租车，穿过开罗拥挤的街道，走上了通往人面狮身像和金字塔的土路，前往那片一望无际的大沙漠。此刻，她心中的郁闷和怨气消失了一些。她开始想自己得有个生活目标，得有个努力的方向。她决定再来一次埃及，穿越沙漠。这个想法在当时看来是相当不现实的，当时的丽莎身体状况不好，又胖，卡里又没存款，对沙漠一无所知。

丽莎说现在回想起来，这些都不重要，重要的是自己决定集中精力做一件事。接着她花了一年的时间，来准备这次沙漠穿越。要想从沙漠活着回来，丽莎必定要做一些取舍，换句话说，她得停止吸烟。11个月后，丽莎成功穿越了沙漠。更为重要的是，从丽莎意识到内心得有方向，再到下决心集中精力做一件事时，她就开启了戒瘾的旅程。她开始用跑步代替吸烟，她的饮食习惯、睡眠习惯、储蓄习惯、工作日的安排以及未来的计划等都随之改变，她开始跑马拉松，先是半程，后来是全程。她重新回学校读书，买了套房子，并且订婚。最后她受邀参与科学家的研究。

科学家在扫描丽莎大脑图像时，发现吸烟、喝酒、暴饮暴食这些成瘾旧习惯在大脑中形成的神经模式，逐渐被跑步等新习惯所形成的新模式取代。现在丽莎看到烟、酒或以前喜爱的食物，虽然还会引发大脑的神经活动（这些活动会制造丽莎想抽烟、喝酒或暴饮暴食的冲动），但是这些活动的幅度减少，相比新习惯引发的神经活动要弱很多，而且在前额叶区的神经活动变得更为活跃，该区域负责计划。管控自己的行为。换句话说，前额叶区的活跃意味着你更能抑制你的冲动行为，变得更为自律；而且该区域的活动还会随着丽莎自律行为的成功次数增加而变得越来越明显。

类似丽莎的例子还有很多，例如前文提到《走出荒野》的作者谢莉尔·斯瑞德，原是毒品兼性成瘾者，在母亲去世，婚姻触礁，失去所有的时候，她做了一个看似冲动的决定：徒步著名的太平洋屋脊步道。最终，她花了94天的时间，独自一人走完了2000公里。为了在荒野中安全活下，在三个多月的徒步过程，谢莉尔养成自律的生活习惯，天黑时支帐篷，简略地吃完晚餐，记日记，看书，睡觉，天亮时收拾包裹开始新的一天徒步。新的生活习惯不仅延续到徒步完的现实生活，同时也改变了她的大脑，让她变得更为自控，最终成功戒掉了毒瘾与性瘾，成为纽约受欢迎的作家。杰夫·特维迪（Jeff Tweedy,1967-），美国乡村摇滚乐队Wilco的灵魂人物，由于患有慢性偏头痛，深陷于各种药物成瘾中，尤其是处方止痛药、酒精和香烟。2004年，开始戒瘾，借助每周坚持4~5次的跑步，每次跑四五公里，成功戒掉了止痛药成瘾以及烟瘾。

我想从丽莎、谢莉尔以及杰夫这些成功戒瘾的例子中，你已经体会集中精力做一件事，然后在这件事中培养一个一个新的健康习惯在戒瘾过程中有多大的威力。它不仅能帮助你抵御住戒瘾过程的空虚感，更为重要的是，让你的大脑也随之发生变化，就犹如当初成瘾让你大脑发生的变化一样，不一样的是，新的健康习惯让你负责自我控制的大脑区域（前额叶）变得越来越强大，而不是逐渐被削弱。如果你正在戒瘾，你也不妨试一试培养一个新的习惯，来替代成瘾这个旧习惯。

2. 重视亲密关系

关系在上瘾和戒瘾过程起着举足轻重的作用，所谓成也“关系”，败也“关系”。英国著名记者Johann Hari曾专门花了三年的时间对如何治愈成瘾做了大量的调研工作，最后他得出结论是：成瘾的反面不是节制，而是关系。换句话说，要想长期地保持清醒，远离成瘾，我们需要存在于健康的关系中，在这样的关系里，我们有自己爱的人，也有爱我们的人，我们有爱人的能力，同时也有接受爱的能力。

许多长期脱离成瘾保持清醒生活的成功个案，在分析他们之所以成功的原因时，你总会看到健康的亲密关系在其中所起的作用。例如电影《购物狂的自白》中的购物成瘾者丽贝卡之所以在最后能克服橱窗里美丽衣服的诱惑，因为有爱她的男友Fluke、有支持她的挚友Suze、有能够为她卖掉心爱的旅行大卡车的老爸老妈，还有相互鼓励的购物成瘾匿名互诫协会的成员。电影《篮球日记》中的毒品成瘾者吉姆，之所以能够克服往日毒友佩德带有全曼哈顿最好的毒品的诱惑，传递爱的黑人大叔功不可没。电影《羞耻》中的性成瘾者布兰登，在最后，他的内心相对以往的焦虑，变得平静和缓和，生活变得充实起来，重要的原因是他开始真正去关心自己的妹妹，在生活中有了真正挂念和在乎的对象。

《今日美国》刊出了一位毒品成瘾者詹姆斯·柏恩（James Bowen，1979-）依靠一只流浪猫Bob成功戒瘾的故事（见图4-6）。曾经，詹姆斯长期因为海洛因成瘾流浪街头，真正改变始于2007年，一只受伤的流浪猫进入他的生活，当他决定开始照顾和治愈这只猫的时候，他也在治愈自己，他不再把通过弹吉他赚来的所有钱都用在买海洛因上，而是分了金钱与时间去照顾这只流浪猫。当它好了之后，原以为它会离开，但它选择留在詹姆斯的身边，自此他们形影不离。因为Bob的加入，他的街头吉他表演吸引到了更多的人。他的生活开始变得有了动力，也有了盼头与希望。慢慢地，他开始远离了海洛因了。如今的詹姆斯很成功，成为一名炙手可热的作家，以他和Bob的故事为蓝本写成《流浪猫Bob》，成为纽约时报上榜图书。

图4-6　戒瘾者詹姆斯·柏恩和他的流浪猫

无论是与人的亲密关系，还是与动物建立的亲密关系，都是会成为我们戒瘾过程中最具影响力的保护性因素，这份亲密关系会带给你无限的满足感与安全感。它也会让我们变得更为有责任心，让我们开始敞开封闭已久的内心，敢于尝试去付出，在付出后获得丰厚的回报——丰满的人生。

既然亲密关系在康复过程如此重要，那么我们到底应该如何重视它呢？一般而言，重视亲密关系主要体现在：修复受损的亲密关系；培养丰盛的亲密关系。

（1）修复受损的亲密关系

大部分成瘾者的人际关系都是满目疮痍，冲突、矛盾暗生，怀疑及不信任遍布，随时都有可能一触即发。若你看过《蕾切尔的婚礼》，一定会对成瘾者紧张的人际关系印象深刻。康复过程中重建健康的亲密关系的难度可想而知。但是不管有多么艰难，我们总是拥有修复的可能性，前文提到的成功案例就为我们提供了希望。

重建信任是你修复人际关系的第一步，也是极有挑战性的重要一步。在前文我们建议的伴侣/夫妻咨询，是你重获伴侣及家人信任的一个有效途径。除此之外，你和你的伴侣及家人还需要做更多的工作，才有可能回到原来的信任关系，尤其是作为当事人的你。以下一些经验总结，或许会对你有所帮助。

第一，保持坦诚。你在成瘾时期说过的无数谎言，使得你在戒瘾期间背负了一身的信任债，你的爱人与家人对于你所说的任何话都可能持警惕和怀疑的态度，因为他们之前被你骗了无数遍，如今心有余悸，所以你需要在很长的一段时间内一点一点才能还清。在还信任债期间，你需要在任何事情上保持100%的诚实，即使在很艰难的时刻（如你说了真话，你的伴侣可能会很生气），你依然需要保持坦诚。

第二，多说。与你的伴侣或家人经常保持顺畅交流，无论是在平时，还是在有事情发生时，尽可能地说出自己内心所有的真实的想法与外在的实际行为，这会让你的家人感到你在努力，同时觉得你是无所保留和尊重他们的，从而让他们对你放心。另外，有效的沟通是双向的，你也要鼓励你爱人给你反馈。这样，双方积极参与的双向沟通，才能减少彼此间的误解，扫清恢复信任道路上的障碍。

第三，多听。当伴侣或家人在诉说他们内心的感受与想法，甚至有时候以唠叨的方式表达他们的担心时，你这时尤其需要保持开放平和的心态去倾听。否则若敏感地认为对方是在责怪自己或是看不起自己，那么你很快就会竖起满身的防御之箭，稍有不慎就向你的家人射过去，你与他们的关系又回复到无休止的争吵中，对你重建信任毫无益处。

第四，耐心，耐心，耐心！你知道自己已经在改变，但是你的家人仍是怀疑与警惕。这是康复过程常见的现象，解决之道就是保持十分的耐心与同理心。站在他们的位置想想，如果自己一而再再而三地被人用谎言忽悠，你也需要足够长的一段时间，来重建对他的信任。

第五，为自己的言行负责。主动承认自己在某些事情做错了或想法有误是一件极需要勇气的事情。但是标志一个人成熟与否，就是能否敢于站出来说明真相，为自己的一言一行负责。当你的家人看到这些时，他们会感到欣慰，同时在很大程度上恢复对你的信任。

记住你家人恢复对你的信任绝不是一夜间就能发生的事情，它需要比较长久的具有挑战性的过程，不要放弃自己的目标，最后，经过这个过程，你跟你爱人或家人的关系将变得更为强韧。

（2）培育丰盛的亲密关系

一段关系，不管是恋爱关系、夫妻关系、亲子关系还是朋友关系，都需要用心经营，才会往持续变得更好发展，才会变得亲密而持久。下文将总结专门研究亲密关系的积极心理学家们的研究成果，以便你从中选择一些适合自己的小策略和技巧，去经营你身边的亲密关系。

1）了解和被了解。了解对方和让对方了解自己，是培育亲密关系的第一步。主动去关注对方的希望、梦想、恐惧、脆弱和担忧，知道对方的主要需求，而不是总是关注自己的感受与需要，同时也提供机会让对方来了解自己。这种关注是持续的，而不是僵化的，换句话说，看到对方的改变和逐渐成熟。

2）从促进关系的角度来看待对方的行为。具体而言，当对方做一个积极的行为，你可以将它看作是对方身上好的品格的体现，例如对方每年记得你的生日，并精心为你庆祝生日，你可以理解为对方将你放在心上，并且很细心，很有爱心。当对方做出一些不恰当的行为时，你可以考虑是不是外部环境的限制，才让他不得已有这样的行为。例如对方误解你又发生了成瘾行为，你可以尝试理解为过去的经历让他有过敏反应，或者其他人给他错误的信息以至于发生这样的误解。

3）接受和尊重。在亲密关系里，双方经常会分享一些比较隐私的经历，体现着双方身上一些可能是好的或不好的特质，这时宽容地接受和尊重过对方的优点与弱点是必要的，而不应该出现导致关系破裂的指责、批评等傲慢的行为。

4）相互欣赏与感激。要维持一段健康的关系，积极交流的频率要高于消极交流，有科学家计算出了夫妻关系中的“魔法比率”，认为幸福关系中，积极交流与消极交流的比率为5∶1，若两者的比率接近1∶1的话，夫妻双方就可能面临离婚的风险。所以在生活和工作中，对对方一些可能常常被忽视的小举动（如在附近等待自己回家、把垃圾带出门、准备早餐等）表达感谢，会让对方觉得自己每天对家庭所做的一切得到了重视。对对方为家庭做出的努力和付出（例如用心工作、操持家务等）表示感激，会让对方有为关系和家庭作贡献的荣誉感。

5）分享喜悦与幸福。多向对方分享日常生活与工作中的好事、有趣的事、好玩的事，不仅让自己的喜悦、幸福感增加，还会增加关系的满意度和亲密度；而且对方也会回报以他生活中的好消息。

（二）复发预防的短期策略

复发之前，总是会有促成该行为的事件、想法、感受以及早期行为，复发只是这一系列过程的最后结果。表4–4中的内容是一位戒止咳水瘾者的日记，他详细地记录了保持6个月节制生活之后，再次使用止咳水的情形。

表4-4　戒瘾日记

记录日期：2014年6月21日

出现心瘾/发生成瘾行为时

（1）使用的量：6瓶止咳水（120毫升每瓶）

（1）什么时候：2014年6月20日晚上7点。

（2）什么地方：在自己车上。

（3）有什么人：自己一个人。

（4）你在干什么：从卖止咳水的人那里拿到东西后，就快速走到自己停车的地方，关上车门，就开了一瓶，开始喝起来。

（5）你在想什么：喝完一瓶后，还想再喝一瓶，内心深处有个模糊的不安感，但是我不敢去看它，在回避这些想法的瞬间，又开了一瓶，接着是第三瓶，直至把六瓶都喝完了。

（6）你的感受：很兴奋，整个人很舒服放松。

（7）后果：喝了之后怕老婆发现，没有回家睡觉，就躺在车的后座睡觉；由于兴奋，一直到很晚才睡着，一觉醒来时，早已错过了上班时间；慌忙地找手机打电话请假，开机后，发现老婆昨晚发来的几十条短信：有询问在哪里、有催自己回家、哀求自己回家、有失望……打电话给老板请假时，因为缺一个人手，又赶上生意旺季，他一接到我电话，就气不打一处来，指责自己不靠谱，然后让自己马上滚过去；放下电话，就准备开车过去，发现自己浑身臭味，有止咳水味，还夹杂着酒味，头发乱糟糟的，这样过去又会被老板质疑；只能硬着头皮回家换衣服，一开门就发现老婆黑着脸坐在沙发，好像是等了我一个晚上，也气了我一个晚上；我现在顾不上她了，急匆匆换衣服出门。晚上回来再说吧。

（8）你怎么想：我真差劲，把自己的生活、工作弄得一团糟，我整个人都是失败。

（9）你内心感受：很生自己气，感到悲哀、低沉、内疚、自责。

心瘾/发生成瘾行为之前

（1）发生了什么：我去了往日经常去的一家酒吧，喝了两瓶啤酒。

（2）当时的感受：随着一杯杯啤酒下肚，头脑开始发热，有一些晕乎。

（3）当时的想法：想到了止咳水，想起了喝了止咳水之后的那种平静与舒服，然后就安慰自己说，今晚例外，先喝一瓶再说，再说一瓶也没什么大不了。

（4）当时做了什么：拿起了电话，给卖止咳水的人打了电话，让他送了4瓶止咳水过来。

续表

在喝酒之前
（1）发生了什么：在大卖场忙活了一整天，回到家只想躺在沙发上休息。老婆看到我无力地躺着，她用脚踢了一下我，怪声怪气地说："你是不是又去买止咳水喝了，一个大男人有气无力的。"我难得搭理她，继续闭着眼睛。她就更变本加厉了："你肯定又喝了，难怪这个月拿回来的工资少了。"我开始开口解释，她根本听不进去。
（2）你的感受：工作了一整天回到家，我感到很累。老婆非但没有体谅，反而是不信任与怀疑，让我生气、烦躁，想到这个局面确实是自己以前多次欺骗了她造成的，因此又很生自己的气，恼怒，就像笼中的困兽被困住了，找不到出路。
（3）你的想法：我想出去喝一杯啤酒，让自己平静下来。
（4）你的行为：我夺门而出，跑到经常去的那家酒吧喝酒。

通过这份日记，我们能清晰地看到，复发并不是一个孤立的事件，而是由多环节组成的事件链（图4–7）。处在事件链始端的是貌似无关的决定，末端才是复发。只要阻断这一过程的某个环节，就可以避免一次成瘾行为，也就躲避了一次复发的风险。用来阻断某个环节的策略，我们称之为短期策略。值得注意的是，越靠近事件链的始端，

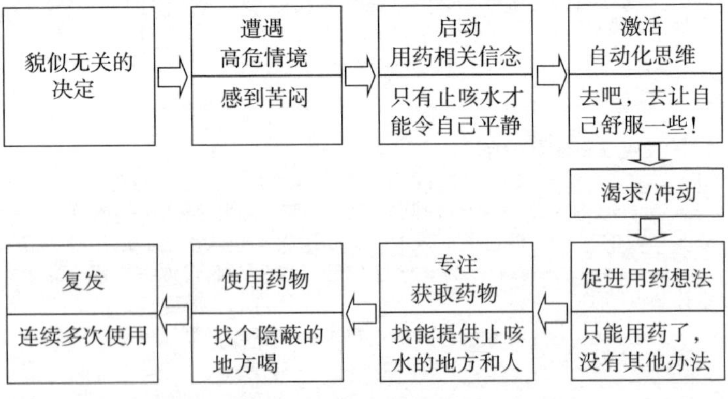

图4–7　复发事件链

我们就容易打破这个链环，反之，则越来越有难度。因此，我们鼓励戒瘾的你，重点放在复发事件链的前面那些环节，当然后面那些环节你也是需要关注的。

1. 识别貌似无关的决定

如果你有机会去访问一下决心戒瘾而又复发的人：“那么痛苦地撑过了戒断反应期，努力保持节制那么久的一段时间，到底什么原因让你决定去破坏自己先前的努力，再一次复发呢？”很多时候，你可能会得到这样的答案：“我真的不是故意破坏自己的努力去喝的，那天也没有发生什么特别的事，我也没有特意去找，但是最后，就这样不知不觉地自动发生了。”你可能会觉得他不诚实，实际上他内心是想再碰的。但是当你从其他人的身上，一而再再而三得到类似的答案时，你就不得不承认他说的是真的。这种现象已经引起了成瘾研究者们的注意，并且得到了一个专门形容这个现象的名称：貌似无关的决定。

（1）何为貌似无关的决定

所谓貌似无关的决定（又称表面上不相干的决定），是指表面上看起来与复发无关的、很小的一些决定，但是却启动了复发的事件链，使得当事人一步一步朝最终结局——复发迈进。如果能够及早地识别出貌似无关的决定，便可以相对较容易地中止复发事件链的发展，从而降低复发的风险。因此，深刻理解何为貌似无关的决定是非常有必要的，以下这个案例或许能够帮助到你。

这一切发生的也太巧了

在复发之前，我花了一万多在专业戒瘾机构接受了为期一个月的治疗，出来后，有7个月没有再碰K粉了。有一天，实际上这天也没有什么特别，我也没有想过要去碰。下班后，我驾车回家，在途中一个十字路口处本来该左转的，没有什么原因的，就临时决定右转，选择了较远的那条沿江路回家。这条路上零散地有些小卖部，还有一些露天酒吧，突然觉得口渴，下车就去小卖部买水喝。走到小卖部时，瞄到了以往经常去的一间酒吧，心里想着上了一天的班，喝个啤酒放松一下，这应该不为过吧。于是就走进了这家酒吧，喝了三罐啤酒后，心理开始痒痒的，有点想K粉了。这时刚好碰到了一个过去的毒友，在他的邀请下，就又吸了，吸了一次就有第二次，然后就复发了。现在回想起来，这一切发生的也太巧了。

案例中的当事人最初并没有特意想到要去再吸K粉，只是临时决定改变了回家的路线，然后决定下车买水喝，继而进了熟悉的酒吧，喝了啤酒，这些无意间做的决定，表面上似乎与再次吸K粉毫无关系，但是，却让他一步一步将自己陷入高危情境（碰到往日的毒友），最终导致复发。

值得注意的是，貌似无关的决定与最终复发在时间距离上，可以隔得很近，例如上述案例中就只有一个傍晚的时间，也可以隔得很远，长达数天甚至数月。例如在威廉·巴勒斯撰写的回忆录——《瘾君子》中，主人公比尔在莱克星顿，经过了辛苦的成瘾药物治疗，保持了四个多月的时间没再碰毒品后，没有特别原因地选择去了新奥尔良。在这个陌生的城镇，毫无动机地瞎逛，最起码意识上他没有特意去找毒品，因为他真的想戒毒。然后，一天晚上，他坐进了一家酒吧，酒吧里有各种角色的人，有船员、码头工人、同性恋、大牌人。他随意邀请一位瘦长脸、灰发的中年男子喝啤酒，喝着喝着，这位中年男子跟他谈起了麻醉品。比尔问他为什么选中自己谈麻醉品，中年男子回答说“冥冥之中有东西指引着我”……在无数次地流连于酒吧之后，似乎偶然地认识了贩毒的帕特，最终再次注射海洛因。威廉·巴勒斯用了很长的篇幅来描述比尔戒毒之后又复发的过程，这个过程并不是比尔精心主导，而是他一个又一个无心的、细小的决定推动着，直至最后的复发。这些无心的、细小的决定就是貌似无关的决定，它们与最终的复发隔了数月。

（2）为什么要关注貌似无关的决定

1）貌似无关的决定会增加复发的风险

通过前文的案例，对于貌似无关的决定如何导致最终的复发，你可能有了大概的了解。为了让读者对此有更为生动的印象，我们在此引用一位从事成瘾研究的学者的形象比喻：方向舵平衡调整片。一般一艘大船上，除了有方向舵之外，还有一个方向舵平衡调整片，前者相当于大舵，后者则是小舵。小舵是用来带动大舵，因为大舵转动起来要费力得多，而小舵则很容易。假如小舵每一次转动偏离一点，那么将会导致大舵的移动出现较大的偏差，进而改变了整个船的航行轨道，离既定的目标越来越远。一个个貌似无关的决定就像小舵的一点点偏离，使得当事人偏离自己戒瘾的目标，而向复发迈进。

具体而言，貌似无关的决定是复发事件链的第一步（图4–7），若没有被当事人及时识别出来并打消这些决定，那么它们会推动着当事人进入复发事件链的第二步，遭遇更多的高危情境，从而使复发的风险增加。

2）貌似无关的决定能够较容易被改变

复发事件链越靠近末端，改变的难度就会越大。而处于复发事件链始端的貌似无关的决定，是距离复发结局最远的一个位置，只要能识别出来，那么改变起来就要容易得多。例如上文提到的例子“这一切发生的也太巧了”，只要当事人对自己的决定（“该转左时却转右”“该直接开车回家却停车买水”“该买水却进了往日熟悉的啤酒店”）有足够的警惕，识别出这些决定可能存在的潜在风险，那么就能轻易打消这些决定，直接按照原路回家，那么就将这次复发的风险消灭于无形之中。

（3）如何识别貌似无关的决定

即使大家都知道了貌似无关的决定在复发事件链中的重要作用，在现实生活中，要真正识别出这些决定，还是存在一定难度的。首先，这些决定大多是当事人下意识随意做的一些细微决定，常被人忽视，有时候你有了这个想法，你都可能都没有意识到，你就按照这个想法执行了。例如上文提到的例子“这一切发生的也太巧了”，当事人下班时并没有特意决定要去那个熟悉的酒吧，然后看看能不能遇到往日的毒友，而是驾车到了十字路口脑子里临时闪现了一个想法，然后执行了这个想法，转了一个方向，这个过程就在一眨眼的时间发生了，当事人当时可能都没有意识到，就去到了那条沿江路。其次，貌似无关的决定与最终的结局——复发之间存在较长的时间间隔，若当事人缺乏警惕性，事前根本就不会将这些决定和复发联系起来，甚至很多当事人在事后，来回顾复发的过程，都会忽视貌似无关的决定在其中所起的作用，他们会说“冥冥之中”“鬼使神差”就发生。

虽然，要识别这些貌似无关决定具有挑战性。但是，如果你愿意花一些精力，对自己所做的决定提高警觉度，分析一下这些决定可能导致的后果，那么你还是能够及早地识别出来的。例如前文的例子，当事人若是在“该左转时却右转”这个时刻，多想想改变驾车路线之后可能会发生的后果——会经过熟悉的酒吧，在这个酒吧碰到往日毒友的可能性很大，那么当事人就很有可能重新掉头回家了。

2. 应对高危情境

复发事件链的第二环就是陷入高危情境，如果说戒瘾的过程是一趟旅行，那么高危情境就是旅途中的危险地段，处理不慎的话，那么就导致整个旅程的终止。聪明的旅行者都会事先预期这些可能的危险地段，在自己的地图上标识出来“此段非常危险”，并拟定好应对措施，从而从容度过，达到既定的目的地。而聪明的戒瘾者也会事先预估康复过程可能会遇到的高危情境，储备相应的应对计策，从而过关斩将，中断复发的事件链，顺利戒瘾。

（1）何为高危情境

如果你对自己成瘾活动的模式有足够的察觉，你很可能会发现这些成瘾活动与某些特定的情境是存在紧密联系的。换句话说，如果自己处在某些特定情境时，就很容易产生心理渴求，甚至极易产生自我放纵行为。我们将这些情境称之为高危情境。一位购物成瘾者在她的治疗师的建议下，对自己失控的购物行为进行了观察与记录，发现近来三次疯狂购物都发生在她与丈夫发生剧烈争吵之后。一位吸烟成瘾者则发现自己在面临非常的工作压力情况时，吸烟的量和频率都会大大加剧。

很显然，关注自身成瘾活动的高危情境，在康复过程中是具有重要意义的，也是必要的。如果能准确地识别出自己成瘾活动的高危情境，那么，我们就能针对性地避免或者破解这些高危情境，从而避免失控的成瘾活动。一般而言，戒瘾者所面临的高危情境可大致分为四类。

1）冲突的人际关系，尤其是与伴侣、父母、兄弟姐妹或重要朋友的非良性互动，例如剧烈争吵、彼此猜疑、相互指责等，常会引发戒瘾者的冲动行为，逃避到成瘾活动中去。

2）来自往日毒友的压力，一是直接的压力，他们可能会引诱或强迫戒瘾者吸毒，例如直接提供毒品、对戒瘾表示失望或不抱希望；另一种是间接的压力，例如细说使用某种成瘾物质的愉快经历，或者热情地介绍某种新的成瘾物质。

3）消极情绪和身体不适，例如压抑、无助、愤怒、无聊等坏心情。值得注意的是，有时好心情也是一种危险因素；身体痛苦、顽固性的失眠或虚弱无力也会导致当事人的成瘾活动。

4）存在毒品或与毒品相关线索的环境，例如找到藏匿的毒品、偶然发现使用毒品的工具（如锡纸、打火机等）、路过旧时熟悉的地址、嗅到某种特定的味道等，这些都会激活成瘾记忆，引发心理渴求；甚至某个特定的日子或一天中某个特定的时段，也会引发渴望。

（2）如何识别自身的高危情境

看了前文，也许你大致了解了大多数戒瘾者可能会面临的四大类高危情境，但是这还是不够的，还需要通过一定的方法识别出你自己的高危情境，然后列出一份个性化的高危情境清单，以便进一步制定相应的应对方法。例如我们发现自己与伴侣激烈争执之后，就会失控地去赌博，那么我们就可以想出一些方法避免与伴侣发生争执；例如完善自己与伴侣的沟通方式，甚至可以提前告诉对方争吵会使自己赌博行为恶化，请求对方跟自己一起避免不必要的争执；或者在发生争执时通过其他健康的方式来缓解自己愤怒或委屈的情绪，而不是选择赌博来宣泄。

在我们的临床工作中，我们通常会建议戒瘾者坚持写戒瘾日记，来识别自己的高危情境。尽管记日记是觉察高危情境的非常好的办法，但是很多人往往会忽视它。因为他们常会认为引发心理渴求或实际成瘾活动的高危情境都是自己亲自经历的，只要稍稍回忆一下，就能够发现，何须正儿八经地记日记呢。但实际上当我们在咨询室里邀请他们回忆时，往往存在很多困难，并不能准确地记住过去发生的事情，因而制定出来的高危情境清单要么残缺不全，要么是有误的。因此，我们在此鼓励戒瘾的你重视戒瘾日记，花一些精力在这上面绝对是值得的。

那么戒瘾日记需要在什么时候记录？具体要记录什么呢？需不需要以某种形式进行记录？根据很多有坚持写戒瘾日记经历的人的反馈，记录的最佳时机包括：①出现心理渴求（即有心瘾）时；②发生实际成瘾活动时，如一次疯狂购物之后或者吸食成瘾物质之后等。记录的内容实际上就是“5W”：什么人（who）、做什么（what）、什么时候（when）、为什么（why）、什么地方（where）。在记录的形式方面，最好按照特定的结构进行，当然如果你不喜欢拘束，喜欢以写散文的方式，那也是可以的。

（3）如何应对高危情境

对于如何应对高危情境，我们在前文不同的地方都有相应的描述。例如针对高风险的环境，我们在应对成瘾的五个基础步骤中有重点描述，而针对冲突的人际关系，我们在应对成瘾的长期策略中有提及，因此在此不再赘述。

还值得一提的是，尽管应对高危情境的一些方法在前文中均有提及，但是这些方法都是从其他戒瘾者的经验中总结得来的，不一定完全跟你的实际情况相吻合，因此它们只能给你提供一些参考和启发。一些有心的戒瘾者基于自己的高危情境清单，同时结合以上这些方法，制定一份“如果……那么……”方案。例如，“如果我出现烟瘾，那么我将立即起身，去散散步。”“如果我有网瘾冲动，我将给好友周静打电话。”“如果我受到毒友的诱惑，我将拿出毒品拒绝技巧卡看一遍，然后按照上边的提示做。”

很多戒瘾者的经验提示，花一些时间制定这么一份“如果……那么……”方案是值得的。它的好处是，当你处在高危情境下，你不必依赖自己做出正确的决策，因为你已经对你应该做什么做出了恰当的决定，现在你需要做的是自动去执行，因此它大大增加了你成功的机会。

要获得有效的效果，在制定时，要确保“如果……那么……”方案非常具体，理想的方案是这样的：“如果我受到了诱惑，我将做下面两件事情……”，而达不到效果的方案则是：“如果我受到诱惑，我将抵制它”。因此，我们在制定方案时，最好按照理想的方案进行。

3. 跳出思维陷阱

实际上上面的高危情境并不能直接导致你放纵的成瘾活动，例如一位戒止咳水瘾的人，跟妻子吵架对他来说是一个高危情境，很多时候吵完就会去找止咳水喝，但是也有存在不少例外的时候，吵完并没有去；再例如一位戒酒瘾者，高压的工作是他的高危情境，但不是每次遇到工作棘手的问题时，他都会去找酒喝，有的时候他也能控制好自己。

这是为什么呢？实际上，高危情境和失控行为之间还有一个决定性因素，那就是你的想法。一样的情境，你可以有不同的想法，而当想法不同时，你的行为也会有相应的变化。所谓一念天堂，一念地狱，关键是你持的是哪一念。

可以说，每一次行为的失控，背后都有一些危险的念头。例如“去吧，它能让自己好受一些”“嗯，它能让人放松”“它能让我忘记所有事”“它能消除孤独”“就一点，没事的”“下一刻我就会赢”“如果我不用，我就会一直难受”……这些想法就像伏在戒瘾者耳朵边的无形小恶魔，它时刻在找机会，例如跟人吵架了、生意失败了、失去了一个重要的人等时刻，甚至在你开心的时刻，都会冒出来，迷惑你，怂恿你。是不是像一个个陷阱，等着你去跳呢？因此，这些危险的想法又称为思维陷阱。如果你想从混乱的成瘾生活解脱出来，换一种清醒的生活方式，那么识别这些思维陷阱，然后一个个破解它们是必要的。

（1）它真的无法让你艰难的日子好受一些

在戒瘾的思维陷阱中，最为普遍也最具有迷惑性的就是：它能让我艰难的日子好受一些。当然这句话在不同的人那会有不同的表达法，但其中心意思都是一样。例如“它能释放压力”“它能填补我的空虚”“它能让我放松下来”“它能让我舒服一些”“它能让我没那么难受”。有了这个想法后，生活工作中各种比较艰难的情形或是时刻，都会让你想到你的依赖对象（如烟、酒、赌博、性等）。例如失恋了、受伤了、结束了一天辛苦的工作、搞定了一个麻烦的事，这些时刻，你内心的小恶魔就会跳出，说一些戳中你的心坎的话：“去吧，去找它，放松一下，这是值得的”，可想而知，后果就是：又一次沦陷了。

那么，吸烟、喝酒、吸毒、赌博、游戏等真的能够释放你的压力，让你的艰难日子好受一些吗？

回答这个问题前，我们先来定义一下“压力”这个词。在戒瘾者身上，一般存在两种压力：一种是生活、工作中各种事情造成的压力，例如社交、抚养孩子、应付老板等，称为现实压力；还有一种是想要成瘾对象或是渴望它造成的压力，称为心理渴求压力。现在我们来回答上面的问题，成瘾活动对于前一种压力是完全无效的，它唯一能缓解的是后一种压力。让人讽刺的是，后一种压力本身就是由于成瘾造成的，没有成瘾的人或是成瘾之前的你原本就不必遭受这种压力的折磨。

在有烟瘾的人身上有一个很常见的现象，即在做一件很重要的事，或者接一个有利害关系的人打来的电话时，都会先点一支烟，再继续后边的活动，这样做之后压力似乎的确减轻了。其他成瘾的人也会有这样的现象，例如一位止咳水成瘾者在谈一个重要的项目前，会事先喝一瓶止咳水，喝了之后心理似乎更踏实了，更有胆量了。

实际上究竟发生了什么？事实真相是残忍的，我们用下图（图4–8）来描述清这个真相。同样是面临“季度考核之后，上司的电话响起了”情形，吸烟的人和不吸烟的人都会在原来的压力基线上增加了一个现实压力，但是两者不同的是，吸烟的人这时还会因为思维陷阱的启动（吸烟能使我放松，现在我想吸一根），而额外增加了一个心理渴求压力。这时吸烟者点燃一支烟，感到轻松一些，真正缓解的是心理渴求压力，而现实压力依然在那里，不增不减。

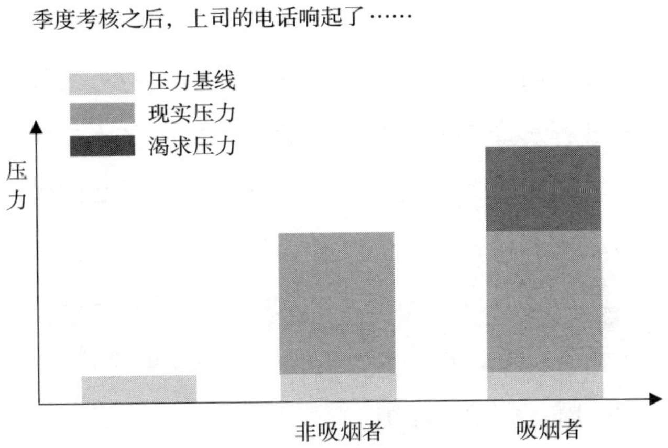

图4-8　成瘾与压力

打一个通俗一点的比喻，你就好像二战中的一个国家，因为各种原因背负着沉重的经济、就业、住房压力，激起民愤，国家领导人明智的作法是直接去着手解决经济压力，但是他们没有，而是引入另一个更可怕的压力源——战争。这时民众已经顾不上原来的压力，只能集中火力对准外来的敌人了。你的成瘾就是这个可怕的敌人！

所以，成瘾真的不会让你艰难的日子好受一些，反而让你的日子雪上加霜。如果你还不信，你还可以看看电影《羞耻》，性成瘾者布兰登原本打算用性来填补内心的黑洞，反而遭受更多无处排遣的精神空虚。下面的一段文字是豆瓣网友看完该电影之后的评论，或许能给你一些共鸣。

布兰登没有表现出性带给他的快感，而更多是无处排遣的精神空虚。布兰登的几次性都没有那种愉悦的表现，或者在街上的仓促；或者交织试图爱而又无力爱的失败的性；或者带着一种模仿面朝大海、窗边放肆发泄的性；直到空虚到极致的为逞口舌之快到酒吧挑衅而被殴打的自毁式的性；还有那种色情电影中看上去很爽的多人亲热而最后留给他更大空虚的性。布兰登每次完成这样的性事之后，都给人一种行尸走肉般的空虚表情。

（2）就一点也会坏事

戒瘾过程中，还有一个常见而危险的思维陷阱，它就是“就那么一点，不会坏事”。例如戒酒瘾的人，挂在口边的话：“这一次我就喝一杯，过过口瘾，就不再碰了，一杯能有什么事呢？”一些戒毒瘾的人，刚从医院摆脱了身体上痛苦的戒断症状，回到家，就对自己说“嗯，我再来一次，检验一下我是否真正戒掉了，一次不会有问题的。”

真的没事吗？现实是他们喝了一口之后，接着就有下一口，再下一口……喝着喝着，早已忘记自己说的“就一杯”承诺；而且破例喝了第一次，未来的日子就会有第二次、第三次……长期下去，你是戒不了的。以上这种现象，就好像滑坡一样，只要你站到坡顶，开始滑了第一步，就会顺势滑到底。你也可以将它当作死灰复燃现象来看，原本你的火已经被灭得差不多了，只剩下带有温度的灰了，但是这时若有零星半点的明火，那么它会又复燃，演变成熊熊大火。你的“就一点”就是这儿的“零星半点的明火”，点燃了你原本慢慢沉寂的成瘾记忆，它又开始变得活跃起来了。还记得第一章说的成瘾记忆吗？成瘾和没成瘾一个关键区别就是这个自我放任行为是否在大脑中留下成瘾记忆，这个记忆完全消退是需要很长一段时间的，平时，它就好像一个隐者神龟一样悄无声息地潜伏在大脑中，看起来好像你已经完全好了，不再有瘾了。但是一旦你“再来那么一点”，它就会立即被激活，你就再次被打回原形，陷入到成瘾的混乱生活中去。

4. 心理渴求应对

（1）“零容忍”

在戒烟、戒毒、戒赌等过程中，给自己许下一个“零容忍”承诺是有效的，也是必要的。所谓“零容忍”是指完全戒除，任何时候都没有例外。它能使你抗住最为强烈的心理渴求，最为重要的是，“零容忍”这个承诺本身就能降低你的心瘾。

还记得在前文提到的住院的成瘾患者么？他们在住院期间，很少有心瘾的出现，但是当预期的出院日期越来越近时，他们就开始出现心瘾，而且也越来越频繁，也越来越强烈。为什么会有这样的显著变化呢？背后的关键因素跟我们这儿说的“零容忍”有关，患者在刚住院及之后的一段时间没有出现心瘾，或很少出现心瘾，因为他们内心知道在封闭的、严格的住院环境中，他们绝对不可能获得依赖对象（如止咳水、K粉或网络），就如他们告诉我说“想也没用，所以根本就没期望”“死心了”之后，那些心瘾也跟着沉寂。但是随着出院日期的临近，似乎又有了盼头，获得它的可能性越来越大，“死了的心”又活跃起来了，心瘾也跟着活跃起来了。假如“死了的心”在出院后，还一直“死着”，那么是不是就有可能让心瘾保持沉睡状态呢？答案是肯定的，很多成功戒瘾的人在分享经验时，都会提到这一点。他们是怎么一直保持“死了心”呢？那就是给自己下达死命令：不管发生什么事情，绝不再碰，即“零容忍”。

有一些人在此基础上，还作了一些功夫，就是把自己的“零容忍”承诺写在一张小纸条上，放在皮夹子里，随身带着。一位长期保持清醒的戒瘾者，他跟我说，他比较少出现心瘾，即使出现了，他都能顺利度过，秘诀就是他的“平安符”，下面就是他给自己制作的“平安符”：“我郑重地发誓，只要有一口气在，我决不再碰K粉！外界任何的诱惑都无法动摇我的决心，永远不放弃，直到自己死去。”如果你正在戒瘾，为何不给自己做一个呢？

（2）对心理渴求作“冲浪运动”

完整的一次心理渴求的程度变化，会表现为一种像波浪一样的特殊形式（图4-9）：它们在紧张中逐渐上涨，上升到波峰水平，然后又慢慢下降至正常水平。很多打算戒瘾的人，常常会很快地向心理渴求低头屈服，一些人可能在B点就弃械投降，强一点的人可能会坚持到C点就放弃了，还有一小部分的人好不容易扛到了D点，即将胜利时，最终还是选择自我放纵。所以，很少有人能完整体验到心理渴求波浪式的整个过程，而且产生一个很普遍的错觉：只有用了成瘾物质或进行成瘾行为时，心理渴求才会消失。有了这个错觉之后，戒瘾者就更容易屈服了。

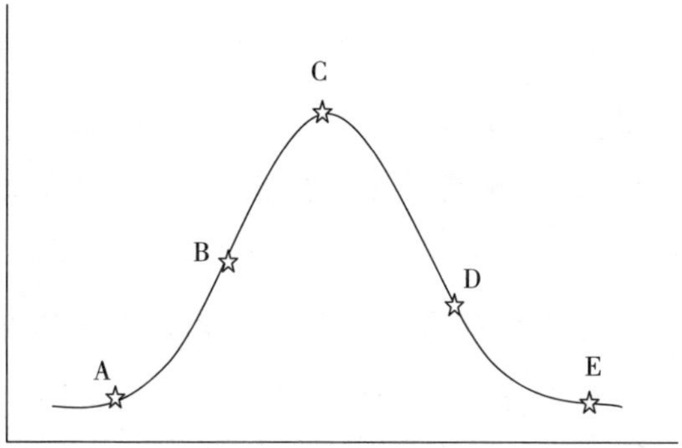

图4-9　心理渴求波浪

破解这个错觉的方法，就是你在下一次产生心理渴求时，作一次“冲浪运动”，自然对待它——感受它们的上升，然后感受它们的下降，最终回归至平静。这个过程就像冲浪者顺着波浪一起一落。你就会发现心理渴求实际上会自动消失，并不是非得要发生实际成瘾活动

（如喝一口或抽一根）。作“冲浪运动”不仅仅是破除你错觉的一次性方法，也是日常用来应对随时冒出来的心理渴求的有效方法。

（3）“喊停”技巧

“喊停”技巧也是值得推荐的小策略，许多戒瘾者靠它成功阻止了自己的自我放纵行为。当你感觉心理渴求很强烈，马上要接近行为点，例如马上要拿起电话叫人送止咳水过来时，或是马上要起身离开座位去赌场时，就对自己喊“停！”，紧接着就提醒自己的戒瘾目标，以及成瘾带来的恶果，如果你事先准备了戒瘾目标及成瘾恶果卡片就更好了，你就可以直接拿出来看。接着进行5秒钟自我放松（例如深呼吸），然后立刻开始一些与成瘾毫无关系的活动。

以下是一位戒止咳水瘾的患者跟我们分享的成功经验：

“有一次跟老婆吵架后，自己一个人坐在沙发，心不在焉地盯着电视屏幕，手里来回摁着遥控器换台，吵架的片段时不时在脑中回放，心里越想越郁闷，这种郁闷甩也甩不掉。这个时候，之前喝完止咳水的平静、舒服感，从一堆杂乱感觉中冒出来，就好像一缕清风一样飘起，立刻吸引住了我，很怀念这个感觉，尤其在这个时候。不知不觉就陷进去了，接着想要喝一瓶的欲望，在心中越来越强，冲动的魔鬼蠢蠢欲动，在耳边开始絮絮叨叨怂恿着，‘去吧，放松一下’‘反正她都怀疑我’‘只喝一瓶，我能控制的，就一瓶，没事’……

还好，就在我拿起电话，想要叫人送止咳水过来的那一刻，记起了心理医生的话，然后我就对自己喊‘停’，提醒自己的目标：我要一个干净、清醒的生活，我要一个健康的生活，无论如何都要给宝宝一个温暖的家，让他有一个负责任的爸爸。深呼吸，让自己平静下来。接着我就走进房间，看我宝宝睡觉。”

5. 给自己奖励

所谓奖励的承诺，就是承诺自己，若每成功克服一次心理渴求，或者顺利度过一周无成瘾的生活时就给自己一些奖励。奖励的承诺这个方法能够让戒瘾这件事变得有趣和更容易一些。

在国外戒酒和戒毒的专业机构中，一种称为“鱼缸法”干预治疗法是行之有效的。戒瘾专业人员让每周成功通过药物检测的患者，即顺利保持节制的患者，从鱼缸里抽出一张纸条。鱼缸里一半的纸条上写着一个价格，从1美元到20美元不等，另一半的纸条上没有写价格，而是写着“继续努力”，最后还有一张写着最大的奖励——100美元。也就是说每一位成功保持节制的患者，都可能有机会抽到那个最大的奖励。正是这份抽到最大奖励的期待和想象，让患者在短期内（一周之内）有更多的动力保持节制，努力克服心理渴求。一项研究对“鱼缸法”的效用进行调查，他们请了两组人，一组是采用“鱼缸法”，另一组则是对照组，没有采用“鱼缸法”，除此之外，两组的治疗情况基本上是相同的，共观察了他们12周的戒瘾情况。结果显示前一组80%的人通过了药物检测，而后一组则只有40%的人通过了药物检测。

在我的工作机构，我会向成瘾患者和他的家人介绍这个方法，让他们在家实施这个方法。例如止咳水成瘾患者，我建议每周固定一个时间，如周五晚上8点，雷打不动地当着家人的面进行验尿，若验尿试纸显示是两条杠，即出现阴性结果，那么家人就拿出这个鱼缸，让他抽奖。据患者及家人反映，这个方法还是蛮有效的。正在戒瘾的你，你也可以借鉴这一方法。为了让抽奖对你更有吸引力，每周你的家人可以加入写着新奖励的纸条，让你来抽。

第五讲

面对成瘾，家长可以做什么

成瘾是日积月累的一个过程，从初次使用成瘾物质或初次进行成瘾活动，再到缺乏节制的滥用，最后到失控的上瘾，在这个过程中，如果家长能越早的发现，并介入处理，那么就越容易帮助孩子摆脱成瘾的风险。

然而，现实情况往往是等到因成瘾导致精神疾病如精神分裂症，或因过量使用成瘾物质导致突然抽搐或晕倒，警察找上门或背负巨额债务，再也无法隐瞒时，家人才赫然发现他们的孩子已经成瘾，无法自拔了。回想起这些，家长内心满满地都是自责，都是后悔，“如果当时能早一点发现就好了……”那么我们如何避免这种遗憾，尽早发现成瘾早期征兆呢？

即使家长发现自己的孩子成瘾了，也常是惊慌失措，不知道如何才好，或是错误对待成瘾的孩子，最常见的是，劈头盖脸地就是一顿批，“我怎么生出你这么个孽障”“我们的老脸都给你丢光了”。原本想通过痛骂来骂醒他们，最后他们没被骂醒，反而赌气离家出走，越陷越深。在发现自己孩子成瘾时，我们又应该如何做，才真正帮到他们？

在康复过程中，家长会要求他们的孩子这样做，那样做，却忽视自己正确做些事情的重要性。而事实上，只有家长调整好心态去应对，才能真正地帮到孩子，诚如一位成瘾者的母亲，在《上瘾的真相》书中所强调的：

“我也用在自己孩子身上，我做了一些改变。所以你要让孩子改变，不是让孩子改变，而是父母自己做调整。从各方面改变，充实各方面的专业知识……我一步一步把我孩子从最严重的毒品当中拔出来。他现在非常好，功课很好，又很孝顺，他现在最常跟我说的一句话就是“妈妈，谢谢你！”

那么，在康复过程中，家长又该做哪些事情，将孩子从成瘾中拔出来呢？

一、成瘾之前：防患于未然

（一）敏感的回应，给孩子安全感

良好抚养方式的首要目标是让你的孩子有安全感。许多成瘾者大多是内心缺乏安全感的人，是在“这个世界是危险、复杂或冷漠”的观念中长大的，而这种负面的观念最初来自与他的主要抚养者（妈妈、爸爸或爷爷、奶奶等）的互动经验。主要抚养者由于自身婚姻不顺、工作繁忙、精神状态不佳（得抑郁症等）等种种原因，对孩子的需求缺乏敏感性，没有及时回应，比如孩子要抱抱，妈妈急着上班也不解释，说走就走，让孩子感到被漠视。久而久之，孩子就把自己的真实情感隐藏起来，不再表达自己的需要，以免再次被忽视、被伤害。同时，这种自我压抑的方式也会迁移到与其他人如朋友的相处，导致难以建立有效的亲密关系，后果是这些孩子内心长期是压抑的、苦闷的、空虚的或孤独的，这就为成瘾提供了丰饶的土壤。在许多前来寻求专业帮助的戒瘾者身上，我们发现他们对于别人给予自己的关注和安全感是如此如饥似渴，他们无法从他们父母、长辈或朋友那儿得到时，就会转向某种物质寻求替代性的安慰。

更重要的是，由于缺乏妈妈或爸爸安抚自己的经历，日后遇到困境时，他们内心的声音也无法安抚自己或让自己感到安全，这就会导致外界的生活事件容易引发强烈的情绪，进而产生冲动性，很多成瘾就是冲动的产物。关于这一点，美国成瘾心理治疗师Frederick·Woolverton在书中特意强调："成瘾者……非常难以容忍自己的情绪感受，同时也无法控制他们想要逃脱内心痛苦情绪的冲动"。

那么怎样才能给孩子安全感呢？最重要的一个原则是：主要抚养者对孩子的需求有一定的敏感性，并且能够及时、恰当地回应。具体地来说，主要抚养者能非常关心孩子所处的状态，注意听取孩子发出的信号，并且能正确理解，做出及时、恰当、抚爱的反应，孩子就比较容易和抚养者亲近，进而形成安全性依恋，安全感就慢慢形成。这儿值得一提的是，我们老百姓在如何是对孩子最好的问题上存在一些误解，其初衷是好的，但是因为这些误解，常导致一些不好的结果。这些误解有：

①大多数人认为主要抚养者一定要是妈妈。实际上不一定，也可以是爸爸，或是奶奶或爷爷，也可以是外婆或外公等，只要这个抚养者能够满足上述要求即可。②为了孩子，即使不顺的婚姻也要维持。实际上，勉强维持的状态孩子是能感觉出来的，因为家里氛围总是不好，要么是紧张的要么冷冰冰的，同时也会让孩子觉得有心理负担，这些都会让孩子想逃离家。有些成瘾患者在谈到这个问题时，反而说“他们还不如早一点离算了”。事实真相也的确如此，若实在无法在一起，离婚或许对孩子而言是更好的选择，因为双方无法做一对好夫妻，但是还是可以做一对好父母，为孩子提供安全感。我们在临床上或生活中也碰到不少这样的例子，在研究中也有相应的支撑数据。关键是，夫妻双方能否意识到离婚后，在孩子抚养上，他们仍然是需要合作、配合的父母，同时这一点也需要清楚地传达到孩子内心。糟糕的是，离婚了，在抚养孩子的事上，不但不配合，还相互将孩子当作报复、怨恨对方的工具，或者某一方因离婚切断了与孩子的联系，这才是给孩子灾难性后果的真正原因。

（二）设立界限，发展孩子的自我力量

在弗洛伊德著名的人格理论中，本我代表人的生物本能，按快乐原则行事，寻求的是直接的满足，“如果

这让我感到快乐，那我就去做”。超我代表着良心与追求完美，按道德原则行事，“如果这对得起自己的良心，我才去做”。自我在本我、超我以及现实环境之间起着调节作用，按现实原则行事，“如果这事既能让我感到快乐，又能在现有条件下办到，还不违背道德，这才值得去做”。成瘾者的自我都比较弱，不能很好地协调本我和超我。所以，正陷在成瘾中的人，例如网络游戏成瘾者常会出现以下局面：

放学回到家，辛苦一天，玩一个小时网络游戏是应得的，然后完成当日的家庭作业。一旦打开电脑，一个小时、又一个小时、再一个小时……过去了，就是没办法停下来。但是第二日起来去学校，面对一堆的作业还未完成，又会后悔不已，责怪自己怎么自控能力那么弱，怎么把事情都弄的糟糟的。心中暗暗发誓，今天晚上一定不要这样了。但是真正到晚上，又是老样子。

因为在他玩的时候，主要支配他的是本我的力量，自我的力量远远弱于它，因而很难控制自己停下来。那么为什么有的孩子自我的力量薄弱呢？要追根溯源的话，那就是跟父母是否从小为孩子设立规则与界限有关。许多成瘾者的家长对他们的教育是非常自由，几乎不给孩子设立任何的限制或规则，或者界限十分模糊，这是非常危险的。因为这会导致孩子没什么耐心，很难做到延迟满足，也难以控制冲动。Frederick打了一个形象的比喻：“在成瘾者的生活中，没有一个温和的母亲给他舀一勺汤后说‘今天就喝这些’，并把剩下的汤拿走”。

这个规则与界限，不是等他已经成瘾了之后，再告诉他不能成瘾下去了。而是需要像《上瘾的真相》作者王倩倩所总结到的：

“在很小的时候就帮助孩子设立生活的界限，你要在生活中的每一个细节中让孩子要知道无论如何不能跨过这条红线。孩子在很小的时候，中国父母很喜欢喂孩子吃饭，追着孩子吃饭那就是没有界限。正确的做法是，孩子你坐在餐桌上坐着半小时吃完，吃不完你就下桌饿肚子，饿个两餐三餐他就会赶快吃完，他会的，所以这个界限很重要。这样的孩子不会成瘾。”

王老师的总结是符合芝加哥大学Bartels 和Urminsky两位教授关于自我控制问题的研究，他们认为自我控制力低有两大原因：①他们不知道自己现在的行为会影响到明天或更长远的生活；②他们并不关心明天。往往活在当下，心理上感觉“明天的自己”就像另外一个人，只在乎现在自己过得爽不爽。而王老师提到的红线，以及越过红线所要承担的后果则恰恰让孩子明白：要放眼未来，你现在的每一个决定和行为，都会影响到“未来的你”的生活。小到你不在规定时间吃完饭，那么接下来的半天就得饿肚子；大到你现在不好好学习，“未来的你”就得去差的学校。父母的每一次“越界”，例如没在规定时间吃完饭，怕他饿又给他做饭，或者中考考差了，花钱把送进好的高中，实际上都是在侵蚀你孩子的自控力，增加他不顾后果的冲动性。

另外，值得特别一提的是，在我国，照顾与教育孩子似乎都是妈妈的事，但是实际上也离不开爸爸的参与。研究者（聂晋文，芦咏莉，2014）发现，父亲的参与对孩子的自控力有着重要影响，例如陪孩子游戏，甚至包括网络游戏，在这个过程中爸爸可以直接提出要求，要求他按照规则进行游戏，例如玩45分钟，必须停止，若没有按照这个规则进行，那么他就要承担后果（例如明天的45分钟游戏时间因此而取消）。在这一点上，爸爸们可以参考《爸爸，回来了》中摇滚歌手郑钧与他儿子Jagger的互动。

二、成瘾初期：防微杜渐

孩子在走上成瘾之路的初期，其实是有很大机会可以挽回的，成瘾与其他疾病都一样，拖得越久，就会越糟糕，越难戒掉。所以尽早地发现孩子是否有瘾是非常重要的。“若孩子成瘾我一定会知道”，这是大多数家长普遍的认识误区。很多成瘾个案，家长都是最后一个知道，他的同学知道，他的朋友知道，只有你不知道。因为你孩子不到不得已时不会主动告诉你，“妈妈，我吸毒了”或者“我对色情网络成瘾了”。即使你有确凿证据，证明他成瘾了，但是他的第一反应就是死不承认。因为他内心也认为成瘾是一件羞耻的事情——人生的污点，当然害怕别人知道。所以通常被你发现时，绝不会如你所期望的那样，主动跟你认错“妈妈，我错了”或是“爸爸，我现在就戒”，他最大可能的表现是愤怒，通过愤怒来表达他的不承认。

那么，作为家长要怎么才能知道孩子到底成瘾了还是没成瘾呢？

1. 多了解一点成瘾的知识

很多家长提到“瘾”这个词，脑海闪过得是大麻、鸦片、海洛因，似乎“上瘾”离他们的孩子很远。实际上，瘾品渗透在我们生活中的每个角落，如网络、烟等。临床上，我们还碰到过对无糖冷冻饮料成瘾的个案。有些家长在心理咨询室跟心理咨询师叹息道：“其实我老早就在他的房间，发现一堆止咳水空瓶子，问他怎么回事，他说感冒了，买来治咳嗽的。当时，也没当回事，哪想到这个还会上瘾啊！”是啊，如果有多一点成瘾的知识，那么当时就会提高警惕了，说不定早把他拉回来了。所以，不管自己孩子成没成瘾，多了解这方面的知识，总是有好处的。

2. 你需要自己去观察

直接问你孩子“孩子，你是不是在吸毒啊？”“你是不是网络游戏成瘾了啊？”这样的询问不但不会让你得知真相，反而会引发亲子之间的争吵。你需要做的是默默地观察，那么要观察什么呢？通常来讲，以下几个征兆你需要重点观察。

（1）神情有躲闪，试图在隐瞒着些什么　例如你走进他的房间，他立马停止原来的活动，一本正经地看书或浏览正常的网页，大致可判断他干的不是什么好事。

（2）作息异常　一种情况是生活日夜颠倒。经常晚上七八点出去，到凌晨三四点才回家，然后睡到第二日下午。而他的工作或学习并不需他这样日夜颠倒的时候，那么你就要警惕了。另一种情况是一睡就睡一两天，或者醒着一两天，这也是有问题，高度提示他在滥用某些成瘾物质。

（3）行为表现异常　经常晚归，回来满身酒味或者其他怪味道；走路摇晃或者说话有点大舌头，或者是吃饭吃到一半突然趴下来了；突然变得要经常上厕所拉尿，或者频繁拉肚子；又或者莫名地动不动就冒汗。

（4）性格同以往有较大的改变　原本很温和，没有什么脾气的人，突然变得很烦躁，动不动就发火。或者突然变得疑心很重，很敏感，觉得你看不起他，或者觉得别人讲他坏事，或要害他。

（5）金钱使用异常　若还是学生，经常以各种原因向你要钱；若已经工作，原本会定期给你家用，突然不给了，甚至还跟你要钱。

（6）学习成绩一落千丈或工作表现常遭人投诉　若

是学生，本来学习成绩不错，突然变得很糟糕，从原来的班里前几名跌到倒数；若是已经工作的，原本工作稳定，近来经常换工作，或做生意蛮好，慢慢地生意变差。

若以上征兆出现的越多，那么你就越要谨慎了，就要高度怀疑你的孩子是否成瘾了。

3. 进一步确认

若你发现你的孩子身上出现数条以上征兆，那么你就需要进一步确认了。那么你要怎样确认呢？就是要暗中监控，看看包里、房间或车里有没有不该有的东西，比如白色的粉末或者是烧焦的锡箔纸，或者大量的空瓶子或药盒子等，那么他染毒或者药物滥用的可能性就非常高了。当你拿着这些东西去问他时，他可能会说，这不是他的，是他朋友的。那么你可以去带你的孩子去医院的物质依赖科或专业戒瘾机构验尿，就可以确定了。

三、确定成瘾者：尽早干预

（一）接受现实，勇敢面对

当确认孩子确实成瘾，或者向你承认成瘾，尤其他的成瘾涉及是违法的毒品时，作为家长的你往往气急败坏，难以接受。要么哭天喊地地骂他，“你怎么这么不争气呀”“你怎么能搞这些东西呢”“你把我们的脸都丢光了”；要么家人之间相互指责“你怎么搞得，把孩子教成这个样子”“都是你宠的”；要么自我指责“我到底做错了什么，让我好好的孩子变成这样”。

一时的气急败坏，短暂的自责埋怨是可以理解的，但若是过多地陷入这种痛苦情绪之中，而排斥接受自己的孩子已经成瘾这个现实，不仅于事无补，还会恶化事态。有些家长没有把孩子从成瘾泥潭中拉出来，反而自己一直活在自责和悔恨中，而得了抑郁症。真正有用的做法是，接受现实，勇敢地面对。具体如何做呢？或许同是成瘾者的母亲王倩倩的态度是值得借鉴的。

“要把自己和其他的家人照顾好。你要照顾好自己的身体，你如果垮了，孩子是没有机会的。”

“我在这里告诉所有的父母，万一你发现孩子吸毒，请你一定要记得，所有的痛苦和羞辱都是暂时的，你不要害怕，一定要找帮助。你不要怕没面子，也不要怕伤到孩子，孩子的一生是很长的。像我的孩子曾经吸毒，但是现在他好得不得了。”

（二）了解真实情况

一般来说，接受自己孩子成瘾这个事实之后，相应地家长就会冷静下来。这时你需要做的是弄清楚孩子成瘾的来龙去脉，具体包括以下几个方面。

（1）**成瘾现状** 他现在成瘾的类型是物质成瘾还是行为成瘾，前者还需要分清楚是毒品还是药物，因为每种成瘾相应的处理方法是不一样。如果是物质成瘾的话，可能就需要送到专业的医疗机构进行生理排毒，以及治疗因为长期摄入毒品或药物带来的身体损害，如低钾、低钙、肝脏以及肾脏损害等，在此基础上结合专业心理治疗。如果是行为成瘾例如网络游戏成瘾或色情成瘾，则主要寻求专业心理治疗。他现在进行成瘾活动的场所是在哪里，在家里、网吧还是聚会场所？是自己一个人，还是跟一堆朋友在一起？这方面的信息对于防止复发非常有用，因为与成瘾活动经常联系在一起的物品（针筒、锡纸或空瓶子等）、味道、人（同为成瘾的朋友）、场所都容易引发他的心瘾，导致复发，因而需要引导他避免接触以上这些人、物以及场所。

（2）**瘾品的来源** 他成瘾的东西是从哪里来，有些人是从实体店买来的；有些是通过网络订购，以包裹的形式邮寄过来；有些则是通过电话直接送货上门的。如果是违法的毒品，而且知道实体店的相关信息，作为家长的你可以匿名举报。曾经有家长就借助警察、媒体的力量端掉了他们地方非法贩卖止咳水的据点，为他的孩子戒瘾创造一个良好的环境，也显示出他帮助孩子戒瘾的决心。如果你了解到你的孩子是通过邮寄的方式得到这些成瘾物质，那么你接下来就需要警惕甚至监控他的包裹了。如果是通过电话送货，那么对于陌生人送东西给他，你也要注意了。

（3）**成瘾的影响** 成瘾已经给他造成哪些不好的影响，比如是否因为筹钱而贩毒，尤其是男生；如果是女生，那就要注意她是否与人同居或者出卖身体。如果有，那么作为家长的你们就应及时且谨慎地处理好。还有，他是否因为成瘾背负经济压力，成瘾的人往往会向人借钱，甚至有的借高利贷；此外，成瘾是否影响了他的学习或工作，以及同事关系或恋爱关系等。

（4）**成瘾的原因** 是什么促使他走上成瘾的，最初成瘾往往是他发泄压力、逃避内心痛苦的一种途径，那么导致他压力或内心痛苦的事情是什么？成瘾之后，往往成瘾的生理反应起了主导作用。弄清楚之后，你才能有针对性地帮助他。

那么要从哪些途径获得以上信息呢？一是直接找孩子进行面对面的对话。有些家长担心这样的谈话会伤害到孩子的自尊心，伤害到亲子关系，因而不敢跟他打开天窗地讲成瘾这件事。其实，这样的担心是没有必要的，由于这种担心使得大家对成瘾遮遮掩掩，反而对他戒瘾不利。要做的是，找个相对安静、封闭的环境，就你跟他，或者几个重要的核心成员，坐下来，相对心平气和地谈谈成瘾这个问题，听他讲讲成瘾的过程，以及他目前对成瘾的看法。当然你在找他谈之前，最好多了解一些关于成瘾的知识，当孩子知道父母对成瘾有认识的时候，他就不敢隐瞒，不敢再肆无忌惮地继续成瘾下去，父母的态度非常重要。二是你还需要自己去调查，因为撒谎和自我掩饰是成瘾的附属品。你可以去问问他的朋友，也可以去问问他的老师，看看他们所说的跟你孩子所说的是否一致，或是暗中跟踪他，看看他都是在哪些地方获得成瘾物质或是跟哪些人一起进行成瘾活动。

（三）激发戒瘾动力及信心

成瘾者被家人发现后，大体有以下四种反应：①大多数是否认自己成瘾了，坚称自己没有上瘾，自己能控制，当被你说上瘾了，要么他内心很委屈，从而很愤怒，极端的是甩门而去，要么觉得你啥都不懂，以沉默或不屑应对你的严厉警告；②还有不少人内心很矛盾，在戒和不戒之间摇摆、犹豫，一方面他已经尝到了成瘾带给他的各种恶果，也觉得继续下去只会把自己毁了，因而想戒，但另一方面想到戒的过程中的痛苦、难受，以及戒后的无聊、无趣的灰色生活，又会退缩。③还有少数人内心是很想戒掉的，但是自己尝试过几次后都失败了，这会让他怀疑自己是否能真正摆脱瘾，甚至有些人对此不抱希望，认命了，就这样一辈子成瘾下去。④很少的一部分人戒瘾的内在动机非常强，而且感到有信心戒掉。

作为家长，不管自己的孩子属于哪一种类型，都希望他能够好好反省，戒掉瘾，重新做人。在现实中，家长可能会采用以下这些方法：①柔声细语地劝说，“孩子，毒品会害你一辈子的，听妈妈的劝，咱们把它戒了吧。”；②严厉警告与威胁，“你再不戒，你就别认我这个爸，别进这个家门。”；③谈条件，“你戒了之后，我就答应把你欠下的债给还了（给你买一部车……）”；④强制扭送或哄骗到戒瘾机构，直接用绳子绑着，送到戒瘾机构；⑤哀求，“孩子，妈妈求求你不要吸毒好不好，妈妈给你下跪了。”这些方法背后的初衷都是好的，然而，大多数情况下这些方法都无法达到令人满意的效果，反而带来无止境的争执，或是成瘾者的欺骗或是家长的失望，成瘾者内心情绪压力进一步增加，为了发泄这些压力，逃避家人希望他戒掉的现实，可能在成瘾问题上越陷越深。

为什么以上家长采用的方法达不到预期效果呢？到底要怎样才能真正帮到孩子呢？以上方法不起作用的主要原因是：家长越俎代庖了。不管是柔声细语地劝说还是强制扭送或哄骗到戒瘾机构，表现出是家长急切想把瘾给戒掉，这儿起主导的是家长。实际上，瘾能否戒掉取决于成瘾者本人愿不愿意去戒，是否是主动想戒，有没有信心去戒。前文我们提到被家长发现了成瘾问题后，孩子的反应大致分为四种：①死不承认型；②犹豫型；③想戒但缺乏信心型；④想戒且决心坚定型。前三种占了大部分，归纳这三种类型成瘾者共同点是：缺乏戒瘾的动机和信心。因此，增强成瘾者戒瘾的动机和信心是戒瘾最为关键的第一步。那么如何使孩子戒瘾的动机和信心得到增强呢？尤其是对于死不承认型的孩子。

（1）**倾听他内心真实的想法** 找一个安静的地方，双方心平气和地坐下来聊一聊。这时候家长需要做的是克制自己内心急切想说服他戒掉成瘾的冲动，要做的是提一些问题，然后认真地倾听。提什么问题呢？一是他如何看待成瘾问题，认为自己到底有无成瘾；二是成瘾问题对他的影响，三是日后他如何对待自己的瘾癖。具体问时，何时继续合适停止则需要灵活进行。首先你可以宽泛地问他，他对这种习惯（在跟他谈话时不要直接说他成瘾了，因为有可能会激起他的对抗，谈话就无法顺利进行下去）的看法，如果他简单地说没什么，我又没上瘾。那你可以问他是怎么判断自己没上瘾的，他可能会说一些理由，你也无须和他争辩。你可以接着问他这个行为习惯对他造成什么影响，包括身体、心理、金钱、学业或工作以及人际交往等，如果他否认说“没什么影响”，那你可以客观地平静地说出你观察到的，比如他性格变了，变得不耐烦了，成绩下滑了，经常跟家人拿钱或跟他人借钱、让家人担心了等，然后跟他确认这些是不是这种行为习惯造成的影响。接下来你可以问他以后如何对待这种行为习惯，是继续还是停止。

（2）**明确告诉他你们对他的爱以及底线** 说说他的出生带给你们的喜悦与感动，孩子成长过程中表现对父母的爱而带给你们的欣慰与幸福，你们今天看到孩子染毒后的担心与焦急，同时强调即使染毒，他还是你们心目中唯一的无可替代的孩子，你们仍然是爱着他的。但是，你们无法接受这个毒品，无法跟它妥协，这是你们的底线。

（3）提供选择方案　如果愿意戒，父母应表示将全力配合，包括从经济上支持到去专业的戒瘾机构治疗；如果不愿意戒，继续吸毒，父母则应表明底线，会报警，你必须离开这个家。提到报警，家长就狠不下心来，有些家长得知自己孩子吸毒被抓，第一个反应就是要把他弄出来。如果这时候，你态度不坚决，那么你小孩就很难下定决心真正戒掉，等待着他的将是万劫不复的深渊。这里我们还是引用《上瘾的真相》作者王倩倩对待大麻成瘾的儿子的做法，他儿子现在已经成功戒掉了。

“我真的找警察来抓儿子，我儿子逃走了，三天三夜没有回家，是生是死不知道，我就是靠祷告，我儿子一分钱都没有带，穿着拖鞋逃走了。孩子出走那几天我真的是吃不下睡不着。结果第四天他打电话给我说：“妈妈，我想回家，因为我没有洗澡，没有吃饭，已经三天了。”我没有说:“你赶快回来呀！”相反我告诉他说:“你不要回来，因为我们家不允许吸毒。”我和儿子约在外边见面，我告诉他说：“你不准回家。”他说：“妈妈，我真得很想回家。”我把他的行李收拾好，放在车厢后面。我告诉他说：“妈妈带着你的行李，你随时离开家，我随时OK。”你要从心里面做得到，如果这个孩子吸毒，他就不是你的孩子了。我说：“有两个条件，你才可以回家。

第一，你要戒毒不能再碰毒品；第二，你要完成大学毕业。你做得到就可以回家，你做不到，就继续流浪。”

“后来我儿子说：“妈妈，拜托你让我回家。”我说：“好呀，那我提出的条件你能不能做得到，如果做得到要签字。”儿子从此以后没有再沾染毒品，直到现在，那已经是四年前的事情了。”

（四）严厉的监督与控制

第一，毒品使用的监控。如果你的孩子是毒品或处方药物成瘾的话，每周固定地验尿以确认是否再次使用是非常必要的，这样他每次使用，一般你都能发现。父母可以去医院的戒瘾中心购买一些验尿纸，跟孩子商量好，例如每周固定在周五晚上8点验尿，在未来的一年或两年，雷打不动，在周五晚上8点必须进行验尿，这个时间最好不要随意因双方而有所变动。因为稳定对成瘾者来说是非常重要的。

第二，学习或工作的监控。父母可以每天打电话给孩子的老师或同事，跟他们确认孩子有没有正常地去上课或上班。

第三，金钱的控制。不要留下足够他用于买毒品的零花钱，同时事先提醒身边的亲戚朋友以及他的朋友，不要借钱给他。

第四，朋友圈的监控。尤其对于跟他同样成瘾的朋友，严厉警告他们，不要再来找他，或者为他提供毒品或药品。否则，你将告诉他们的父母或者警察。

（五）寻求专业帮助

系统的专业帮助是必要的。因为成瘾尤其是物质成瘾是牵涉生理、心理以及社会的一种疾病，因此，向医院治疗物质依赖的医生寻求帮助，他们可以用药帮助控制戒断症状，以及稳定他们的较强烈的情绪（例如焦虑、抑郁等）；向戒瘾机构的心理治疗师寻求帮助，他们可以采用专业技术激发你的孩子的戒瘾动机和信心，并制定具体戒瘾方案，协助他直接面对导致成瘾的背后原因等；还可以向社区社会工作者求助。

四、戒瘾康复期：防止复发

（一）戒瘾≠戒生理上的瘾，还有心瘾

当一个孩子到戒瘾机构戒瘾成功出来后，家长们常有的一个误解是：我孩子从戒瘾机构治疗两个星期或三个月就万事大吉，从此以后就会远离成瘾了。所有的戒

瘾专业人员都会告诉你：戒瘾没有百分之百的，戒瘾成功也没有百分之百，这一生都要保持警醒的状态，才不会回到原来的地步。戒瘾机构所谓戒瘾成功，实际上是指成功戒掉生理上的瘾，换句话说你孩子不会因为不碰毒品，而出现身体上的难受。但是成瘾的核心症结——心理上的瘾（又称心理依赖、心瘾）是没有彻底消除的。

（二）康复，家长的配合很重要

就是因为心瘾难以彻底消除，戒瘾的康复期是比较漫长的，“一朝成瘾，一生戒瘾”，说的就是这回事。在康复期，尽管孩子是戒瘾的主导者，但是家长的配合也是非常重要的。那么在哪些方面配合他把瘾真正戒掉呢？一是培养健康的生活习惯。任何一种瘾都是一种生活习惯，就如威廉·巴勒斯在《瘾君子》中说到“它是一种活法”。但是它是一种自我毁灭的活法，是一种不好的生活习惯。要消除这种不好的生活习惯，可行的方法是建立一种好的生活习惯。那些成功戒掉的人，他们是用哪些新的习惯来代替“瘾”这种不好的习惯呢？比如《瘾君子》的作者威廉·巴勒斯则是用写作代替了瘾来宣泄内心的苦闷；还有人用每周规律的跑步来代替，还有些人则是照顾自己的孩子来代替等。家长要做的是鼓励、帮助孩子培养起新的习惯；二是找到人生的方向，根据孩子的兴趣、个性特征以及他所擅长的，给他提供一些人生建议，还可以利用自己的资源为孩子创造有利的条件，帮助他朝想要的方向努力。比如，有些潮汕地区，男孩子大多想做生意赚钱，那么家长就可以在这方面给予他一些帮助，如果他能在自己的事业中找到乐趣与成就感，那么他就不需要依赖“瘾”。

“我的孩子在戒毒所待了三个月，回来以后还是有用的迹象。我做了一件事情，就是把房子卖掉然后搬家，当孩子从戒毒所回来的时候，他到了一个新的家。我告诉儿子说，不单是你要调整，我们全家人都要调整。这个时候你要转换环境，因为搬家可以让他离开原来的朋友。还有，我鼓励孩子学习，当孩子从戒毒所回来的时候，你要让他重新确定人生的方向，找到一个人生的方向，他就不会回到原来的生活。我儿子那个时候到大学修了一些课程，他也拿到了不错的成绩，他通过学习产生了新的乐趣。”

（三）合理对待复发

复发是戒瘾过程中不可避免的部分，如果孩子告诉你，他又复发了，你要做的不是责怪他，也不是生气，或者对此感到失望。要做的是让他知道，复发是很正常的部分，让他体会到你们对此的理解和深深关爱。

参考文献

1. Margaret Munro. (2015). The hijacked brain. *Nature*, 522(7557): S46–S47.
2. United Nations. (2014). Drugs and Crime World Drug Report *2014*.
3. Maia Szalavitz. (2015). Genetics: No more addictive personality. *Nature*,522(7557): S48–S49.
4. Muisner, Philips P. (1994). Understanding and Treating Adolescent Substance Abuse. *Sage Publications*, p41.
5. Fisher H, Aron A, Brown LL. (2005). Romantic love: an fMRI study of a neural mechanism for mate choice. *Journal of Comparative Neurology*, 493(1):58–62.
6. Ibáñez, A., Pérez de Castro, I., Fernández–Piqueras, J.,Blanco, C., & Sáiz–Ruiz, J. (2000). Pathological gambling and DNA polymorphic markers at MAO–A and MAO–B genes. *Molecular Psychiatry*, 5 (1)： 105–109.
7. Ducci F, Enoch M A, Hodgkinson C, et al. (2007). Interaction between a functional MAOA locus and childhood sexual abuse predicts Alcoholism and antisocial personality disorder in adult women . *Mol Psychiatry,* 13:334–347.
8. Roy A Wise, George F Koob. (2014). The Development and Maintenance of Drug Addiction. *Neuropsychopharmacology*, 39:254–262.

9. Maia Szalavitz. (2015). Genetics: No more addictive personality. *Nature* ,522(7557): S48–S49.

10. Bartels, D. M., & Urminsky, O. (2015). To Know and to Care: How Awareness and Valuation of the Future Jointly Shape Consumer Spending. *Journal of Consumer Research*, *41*(6):1469–1485.

11. 李梦姣，陈杰，李新影．非药物成瘾的遗传学和神经生物学机制研究述评［J］．心理科学进展，2012，20（10）：1623–1632.

12. 聂晋文，芦咏莉．父亲参与对儿童延迟满足能力的影响：儿童性别的调节作用［J］．心理发展与教育，2014，30（2）:121–128.

13. 中国青少年网络协会.中国青少年网瘾报告（2009）［J］．http://edu.qq.com/edunew/diaocha/2009wybg.htm，2010.

14. 佛雷德里克·沃尔夫顿，苏珊·夏皮罗，著；苏文亮，管琳，译．戒瘾：成瘾治疗的案例分析与自助指南［M］．北京：电子工业出版社，2015.

15. 大卫·林登，著；覃薇薇，译．愉悦回路：大脑如何启动快乐按钮操控人的行为［M］．北京：中国人民大学出版社，2014.

16. 奥马尔·马涅瓦拉，著；郑炜翔，译．与自我和解：超越强迫、成瘾和自毁行为的治愈之旅［M］．北京：人民邮电出版社，2015.

17. 戴维·考特莱特，著；薛绚，译．上瘾五百年：烟、酒、咖啡和鸦片的历史［M］．北京：中信出版社，2014.

18. 厄里怀恩，等，著；张珂娃，包燕，池培莲，译．成瘾障碍的心理治疗：物质滥用、酒精依赖和赌博成瘾的临床治疗指南［M］. 北京：中国轻工业出版社，2012.
19. 矶村毅，著；李颖译. 二重洗脑［M］. 上海：上海世纪出版社，2013.
20. 王增珍. 成瘾行为心理治疗操作指南与案例［M］. 北京：人民卫生出版社，2012.
21. 赵敏，郝伟，等. 酒精及药物滥用与成瘾［M］. 北京：人民卫生出版社，2012.
22. 兰斯·多德斯，著；韩红梅，译. 哈佛医学院戒瘾手册［M］. 北京：中华工商联合出版社，2014.
23. 温迪·马尔茨，拉瑞·马尔茨，著；宋尚鸿，译. 跳出色情陷阱［M］. 北京：法律出版社，2014.
24. 金伯莉· S·杨，克里斯蒂亚诺·纳布科·德·阿布雷乌，主编；郑维廉，等，译. 网瘾评估治疗手册［M］. 上海：上海教育出版社，2014.
25. 罗伯特·拉都索，斯特拉·拉茜斯，著；朱利钢，等，译. 战胜赌博之癖：治疗师指南/自助手册［M］. 北京：中国人民大学出版社，2010.
26. 威廉·巴勒斯，著；小水，译. 瘾君子［M］. 北京：作家出版社，2013.